巴　山　松

鄢志明　高春林　徐代杰　编著

U0313279

中国林业出版社

图书在版编目(CIP)数据

巴山松/鄢志明，高春林，徐代杰编著. —北京：中国林业出版社，2016. 10

ISBN 978 – 7 – 5038 – 8729 – 1

I. ①巴⋯ II. ①鄢⋯ ②高⋯ ③徐⋯ III. ①松属 – 研究 IV. ①S791. 24

中国版本图书馆 CIP 数据核字(2016)第 233123 号

出版 中国林业出版社(100009 北京西城区刘海胡同 7 号)

E-mail cfybook@ 163. com **电话** 010-83143583

发行 中国林业出版社

印刷 北京中科印刷有限公司

版次 2017 年 1 月第 1 版

印次 2017 年 1 月第 1 次

开本 880mm × 1230mm 1/32

印张 2. 875

字数 100 千字

印数 1 – 1000 册

定价 18. 00 元

序

我国秦岭以南的广大山区，水热条件好，森林植被生长繁茂，这些地区除了要充分发挥森林的涵养水源、保持水土，改善环境等生态功能外，应当注重营造速生用材林，经营高质量森林，为提供更多的木材和林副产品而努力，既要青山绿水，又要金山银山。

巴山松是秦巴山区特有的优良森林防护和景观树种，也是优良的用材树种，深受人们喜爱。长期以来，由于过量采伐，重砍轻造，巴山松森林资源面临濒危，重视保护这一珍贵树种资源迫在眉睫；在秦巴山区适宜地段大力保护和发展巴山松，对实现保护森林生态和经济发展的互助双赢有重要意义。

种瓜得瓜，种豆得豆，表明农作物安排对农业收成很重要。林业上树种选择远比农作物安排更为重要，因为一个树种成材往往几十甚至百年。树种是森林培育植被建设中最重要的基础。

巴山松定名后的近百年来，植物分类学术界曾存在争议，一些学者认为应并入油松，还有人认为应并入马尾松，近十多年来争议方止，巴山松为独立种得到确立。客观上巴山松外部形态与油松酷似，一些人将巴山松误为油松。尽管有不少学者关注这一树种，但目前关于巴山松的研究资料比较贫乏。

本书作者长期从事国有林场技术工作，他专注林业，肯于钻研，作风严谨，曾主持《油松林经营技术》获原林业部及陕西省科技进步三等奖。享受国务院政府津贴。从20世纪80年代以来，利用工作之便，曾参与黎坪林场巴山松种子采收、育苗、造林、种子园建设等工作，收集了较为丰富的关于巴山松的技术资料。

1

为推动巴山松的保护和发展，退休后，利用闲暇，将有关资料汇集整理，编辑成本册，值得从事林业的基层同志参阅。

森林是陆地生态的主体，具有多种效能。我国是以山地为主的人口大国，缺材少林，尽管木材替代产品不断增加，但现我国木材约一半靠进口的趋势有增无减。在植被建设中，注重营造高质量的用材林，对逐步解决木材缺口问题有重要意义。巴山松是秦巴山区中山地带培育大径用材的理想树种，应当受到重视。

本书的出版，对加快巴山松资源的保护和发展，对实现秦巴山区森林生态和经济互助双赢，有一定的促进作用。

在本书即将出版之际，志明同志嘱我作序，我对巴山松接触甚少，但我很关注巴山松的培育发展。为表示对《巴山松》出版的祝贺，不揣冒昧，执笔略写对巴山松的认识和感受，是否得当，尚请读者明鉴。

西北农林科技大学教授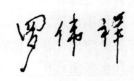

2016 年 4 月 18 日

前　言

　　巴山松是我国特有的树种，树体高大，具有树干通直圆满、材质好、寿命长、抗性强、生长快等优点，深受人们喜爱，是秦巴山区的优良用材树种和防护林树种。原先主要分布在川、陕、鄂等省交界的大巴山、巫山支脉及云贵高原延伸的余脉上。由于长期以来重砍轻造，过量采伐，巴山松分布范围越来越小，现主要分布在米仓山西段和巫山支脉两个地区，且多为散生、零星小片分布的中幼龄林，陕西省南郑县国有黎坪林场现存的巴山松过熟林是我国迄今保存最好、面积最大的巴山松天然林。

　　为了抢救面临濒危的巴山松这一珍贵的优良树种资源，进一步保护现有巴山松林，积极营造巴山松用材林，作者根据多年在参与黎坪林场生产实践中所收集的有关巴山松的资料，编写成本书，力求全面系统介绍关于巴山松的研究成果和生产经验，其内容涉及巴山松种的确立、形态特征、分布状况，地理环境、资源状况，生态特性、生长状况，良种繁育、采种育苗造林等。为满足基层生产单位技术人员工作需要，还收入了常用的森林生长量调查方法。希望本书对保护和发展巴山松森林资源，对提高秦巴山区森林质量，推动山区林业建设有所帮助。

　　本书在收集资料和编写过程中曾得到原西北林学院、汉中市林业局、汉中市天然林保护中心、汉中市林业科学研究所、南郑县林业局、黎坪林场的领导和许多同志的帮助；书中多处引用有关编著和论文，引用处注明了原著者；西北农林科技大学罗伟祥

1

教授深入林区拍摄照片，审定本书稿并作序，在此一并表示诚挚谢意。

　　鉴于巴山松的资料贫乏，编著者水平有限，遗漏和错误之处在所难免，敬请读者批评指正。

邬志明

2016 年 4 月

目　录

附：黎坪林区巴山松剪影

第一章　分类学地位

一、最早定名

巴山松是 1902 年由 Master 根据 Henry 在湖北房县采集的 6909 号标本定名的，学名为 *Pinus henryi* Mast. [1]

二、学术上一度存在争议

近百年来，国内外有关专家学者对巴山松作为一个独立种是否成立曾一度提出质疑并引起争议。

1911 年 G. Shaw 和 1951 年 A. Rcher 把巴山松并为油松；1956 年吴中伦将巴山松定为马尾松的变种[1]；l972 年中国科学院植物研究所主编的《中国高等植物图鉴》中未单列巴山松[2]；1982 年管仲天等认为应作为油松的变种[3]；1983 年郑万钧主编的《中国树木志》将巴山松列为独立种[4]；1989 年薛智德通过对巴山松、油松、马尾松形态与解剖的观测，认为巴山松应作为一个独立种[6]；1990 年牛春山主编的《陕西树木志》中将巴山松列为独立种[5]；1989 年毛绳绪等人进行油松和巴山松相对干形研究，表明巴山松树干圆满度大于油松，具有明显差异，不应属于同一个种[7]；1989 年张方秋等人对巴山松和油松形态特征、苗期生长及生化等方面的研究表明：在针叶、球果、种子、叶绿素和核酸含量、染色体组型、过氧化同工酶及苗期生长等方面巴山松和油松均有显著差异，在遗传基础上各具有其自身的独立性，应作为一独立种[1]；2010年刘文林《巴山松与油松的谱系地理学及物种形成的研究》中，运用DNA分子测序技术对巴山松及其近缘物种油松进行了分子谱系地理学及其物种形成的研究认为：巴山松起源是油松和马尾松两个谱系杂交而成，应视为独立种，作为油松或马尾松的变种是不合适的[8]。

三、当地人们曾误认为油松

在地理分布上，巴山松与油松相邻，在外部形态上巴山松与油松极为相似，难以区分，这里人们曾一度把巴山松误认为油松。因巴山松种子采收困难，黎坪林场20世纪70年代，曾由北方调进油松种子育苗造林，其幼林生长不良，一直处于濒死状态，与当地巴山松截然不同，这表明巴山松与油松是不同的种。

1989年9月，作者曾陪同中国林业科学研究院松类专家徐化成教授来黎坪林区考察，他指认这里的天然二针松全部属于巴山松，而不属于油松。

四、在分类学中的地位

根据1983年郑万钧主编的《中国树木志》记述：松科植物分为冷杉、落叶松、松等3个亚科，共10个属，其中松亚科又分为单维管束和双维管束两个亚属。单维管束亚属分为五针松和白皮松两个组，双维管亚属又分为长叶松和油松两个组。油松组国产11个种11个变种，另由国外引入14个种4个变种。巴山松和油松、马尾松均属油松组国产种。巴山松为松亚科双维管束亚属油松组的一个独立种[4]。

第二章 地理分布

一、水平分布

《中国树木志》中记载：巴山松产于巴山地区，东起湖北西部房县、兴山、恩施、建始等地，西至四川东北部通江，城口、奉节[*]，北达陕西南郑等地[4]。

据李新富等人《巴山松调查研究》一文称：巴山松系大巴山地区特有树种，分布范围与马尾松、油松相比较是狭窄的，分布区主要集中于湖北西部、西北部，四川东部，陕西南部三省交界的大巴山山地，分布区的地理位置为北纬 30°~33°，东经 106°~111°，西起陕西略阳沿秦岭南坡向东延绵至宁陕一带，由西向东数量逐渐增加，在略阳仅有小片和单株散生的巴山松，宁陕火地塘附近仍有巴山松大树残存，沿大巴山延绵分布于四川省通江、巫溪、奉节、巫山，湖北省的巴东、建始、五峰、神农架林区。湖北省恩施、利川、宜恩县有零星单株散生[10]。

1989 年张方秋等人在《巴山松育种原始材料的研究》一文中记述：根据对分布在大巴山山脉、巫山支脉及云贵高原延伸的余脉，分属湖北、四川、陕西 3 省（市）23 个县 62 个乡、村、林场的调查：巴山松主要分布于米仓山西段和巫山支脉两个地区，而巴山中段和云贵高原余脉两个地区分布较少，多为零星、散生小

---

[*] 城口、奉节、巫溪、巫山等四县原属四川省，1997 年重庆设市，划归重庆市，为按原著引用，未作变更，余同。

3

片的中幼龄林，过熟林仅在南郑黎坪林场、南江大坝森林经营所、巫溪白果林、巫山大坪乡、兴山板庙乡等地可见，以黎坪林场面积最大[1]。

据 1989 年 1 月出版的《陕西森林》中记述：巴山松分布于湖北西部、四川东北部以及大巴山区，在陕西主要分布于米仓山区的南郑、西乡、镇巴、宁强县以及安康地区的岚皋、镇坪县一带。目前陕西低海拔集体所有的巴山松林，因滥伐、过伐大多为幼中龄林，大面积的成过熟林仅见于南郑县黎坪林场内的石郎坝[11]。

据 1992 年出版的由杨玉坡主编的《四川森林》中记述：巴山松是我国特有树种，为第四期冰期后残遗的古老植物。水平分布区可视大巴山脉为其发源地并向四周扩展，北纬 30°~ 33°，东经 105°~ 110°的山地，即北起陕西南部，南到湖北恩施，西到四川广元，东到湖北兴山。四川的巴山松林仅分布在大巴山脉的奉节、巫山、巫溪、城口、万源，通江、南江、旺苍、广元等地中山区[21]。

据 1993 年出版的徐化成主编的《油松》一书称：与油松近缘的巴山松与油松在地理分布上的关系尚属不太明确的问题，这两个树种独立性比较强，二者的分布区部分是重叠的，在分布重叠的地方油松分布的海拔要高于巴山松[9]。

据陈炳浩、杨大三的《鄂西三峡库区森林和生物多样性保护与发展》一文中称：鄂西长江三峡库区位于秦巴山地的南端，包括宜昌、兴山、秭归、巴东等县及神农架林区，海拔 1000 ~ 2000 米均有巴山松分布。由于历史原因，库区内沿江河两岸山地天然林近于消失[23]。

2010 年刘文林的《巴山松与油松的谱系地理学及其物种形成的研究》一文认为：巴山松和油松的地理分界线为秦岭至大巴山

一线。第四纪避难所为秦岭、大巴山、米仓山及武陵山一带，冰期后群居没有经历过明显的群体扩张[8]。

综上所述，可以认为巴山松原主要分布在巴山山脉两坡和巫山支脉及云贵高原余脉中山地带，秦岭南坡也有零星分布，由东向西减少。为北纬30°~33°，东经105°~110°，行政上属湖北、四川、重庆、陕西4省(市)交界地带。因滥伐、过伐，数量稀少，面临濒危。现主要分布在米仓山西段和巫山支脉两个地区，且多为零星、散生小片的中幼龄林。南郑、南江、巫山、巫溪、兴山等县有成片的过熟林，以南郑县黎坪林场石郎坝的面积最大。

二、垂直分布

据《中国树木志》记载：巴山松东起湖北西部房县，兴山、恩施、建始等地海拔1200~2600米，西至四川东北部城口、奉节、通江等海拔1150~2000米地带[4]。

据《陕西树木志》记载：巴山松分布于湖北、四川东北部。陕西产平利县由转角石至洛河(海拔710米)、宁强县青木川(海拔820米)、旬阳县小河区牛家沟(海拔1150米)[5]。

据《陕西森林》中记载：巴山松多分布在海拔1000~1900米的中山地带，在海拔1000米以下，气温高，湿度小，在1900米以上气温过低，不宜巴山松生长[11]。

据《四川森林》记述：巴山松散生于海拔1000~2200米，分布于海拔1100~2100米，纯林仅见于海拔1200~1700米[21]。

据李新富等人调查：湖北巴东县和神农架林区巴山松分布为海拔1200~1700米，四川通江、万源、奉节、巫山的巴山松分布海拔为600~1500米，陕西宁陕、略阳县的巴山松分布海拔为1000~2000米[10]。

南郑县黎坪林场的巴山松集中分布海拔为 1200~1800 米。

从以上可看出，巴山松垂直分布主要集中在中山地带的海拔 1000~1800 米范围，各地上下限稍有不同，散生分布范围较宽。主要原因是气候条件不仅受海拔影响，还与纬度、坡向、地形、植被等密切相关，如气温和雨量随纬度增加而降低，南坡比北坡气温高、雨量多等。巴山松喜夏季凉爽，冬耐低温，雨量充沛，空气湿度大的气候条件，故局部地带巴山松天然分布的海拔上下限随气温和雨量的增减有所浮动。

第三章 形态特征

一、形态特征

据《中国树木志》记述：巴山松为高大乔木，树皮红褐色，裂成不规则鳞状块片。一年生枝红褐色或黄褐色，被白粉，冬芽红褐色，圆柱形，无树脂。针叶2枚1束，长7~12厘米，径约1毫米，有细齿，树脂道6~9，边生，针叶内具2条维管束。球果圆卵形或圆锥状卵形，长2.5~5厘米，鳞盾斜方形或扁菱形，紫红色或褐色，稍厚，横脊显著，纵脊亦较明显，鳞脐稍隆起或凹下，有短刺。种子椭圆状卵圆形，长6~7毫米，连翅长约2厘米，种翅紫色。花期4~5月。球果翌年9~10月成熟[4]。

二、形态与油松的主要区别

油松（*Pimus tabulaeformis* Carr.）是华北、西北的主要树种，分布很广，东起辽宁、内蒙古、河北、山西、陕西、河南、山东、四川，西至青海、甘肃等省，以陕西、山西为中心分布区，四川天然油松林主要分布于白龙江、岷江流域，龙门山地区。秦岭是油松天然分布的南缘，秦岭南北坡都有油松分布[9]。巴山松现主要分布在米仓山西段、巫山支脉，秦岭南坡略阳、宁陕等地也有零星分布[10]，二者在分布上相邻，又为近缘种，同为双维管亚属油松组，形态比较相似，难以区分。二者主要区别如下。

（1）球果：油松种鳞肥厚，鳞盾发达，鳞脐常凸起，鳞脐上的刺常较发达，有尖刺，常反卷。巴山松种鳞较薄，鳞脐微凹，鳞脐上的刺较短钝；油松球果较巴山松略大，油松球果平均长4.7厘米，宽2.8厘米，巴山松平均球果长4.2厘米，宽2.6厘米[1]。

（2）种子：油松种子扁卵状，较巴山松略大，种子平均长0.78厘米，宽0.45厘米，巴山松种子椭圆状卵圆形，平均长0.56厘米、宽0.36厘米[9]，油松千粒重38.1克，巴山松千粒重25.1克。

（3）针叶：油松针叶较巴山松针叶粗硬、略长。油松针叶平均长11.8厘米，宽1.3毫米，巴山松针叶平均长10.1厘米，宽1.2毫米[1]。

（4）枝条：油松多平展、开张，落叶叶痕较硬，有刺手感；巴山松枝条略向上伸展，落叶叶痕软，无刺手感。

（5）一年生枝：油松一年生枝较粗，淡红褐色或淡灰黄色，无或少被白粉；巴山松1年生枝红褐色或黄褐色，被白粉，叶基延伸处及沟隙间白粉较明显，自然干燥后白粉明显。

（6）树皮：油松呈深灰褐色或褐灰色，裂成不规则较厚鳞状块片，裂缝上部树皮红褐色；巴山松树皮红褐色，湿度大时呈黑褐色，鳞片状或条状浅裂，树皮较油松薄。

（7）树干形状：油松树干基部膨大比巴山松大，树干尖削度大于巴山松[7]。

（8）一年生苗：油松一年生叶深绿色，巴山松一年生苗叶淡黄绿色，区别明显。

三、形态与马尾松的主要区别

马尾松（*Pinus massoniana* Lamb.）是我国亚热带的主要树种，秦岭南坡为其最北界，在长江下游地区马尾松分布海拔在1200米以下，秦巴山区马尾松分布多在 1000 米以下，但巴山松分布下限为马尾松分布的上限，在海拔 1000 米以下的马尾松林中有零星巴山松分布。巴山松与马尾松为近缘种，同为双维管束油松组，二者形态区别明显，主要如下。

（1）枝条：马尾松枝条较稀疏，侧枝不发达，一年生枝微下垂，无白粉；巴山松枝条较稠密，一年生枝直立，被白粉。

（2）针叶：马尾松针叶细长，柔软，长 12~20 厘米，下垂或微下垂；巴山松针叶较马尾松短、粗、硬，长仅 7~12 厘米，直立。

（3）球果：马尾松球果长 4~7 厘米，径 2.5~4 厘米，长椭圆形，鳞脐无刺，微凹；巴山松球果圆卵形或圆锥状卵形，较马尾松稍短，约 2.5~5 厘米，鳞脐有短刺。

（4）种子：马尾松种子较巴山松种子小，平均长 0.5 厘米，宽 0.28 厘米，巴山松种子平均长 0.56 厘米，宽 0.36 厘米[9]，马尾松千粒重为 10.2 克，巴山松千粒重为 25.1 克。

四、形态与华山松的主要区别

华山松（*Pinus armandii* Franch.）广布在我国西南、西北、华北的中山山区海拔较高地带，秦巴山区华山松分布海拔 1500~2300 米，常与巴山松混生。巴山松与华山松同为松属，不同亚属，华山松为单维管束亚属，巴山松为双维管束亚属，二者形态区别显著，主要如下。

（1）树皮：华山松老树树皮开裂成方块状，不剥落，幼树和幼枝皮平滑而薄，呈灰绿色；巴山松树皮裂成不规则鳞状块片，幼树、幼枝皮较粗糙。

（2）针叶：华山松针叶为 5 枚 1 束，巴山松为 2 枚 1 束。

（3）球果：华山松球果圆锥状长卵形，长 10~22 厘米，径 5~8 厘米，远比巴山松大，巴山松球果长仅 2.5~5.0 厘米。

（4）种子：华山松种子倒卵圆形，长 1~1.5 厘米，千粒重约 300 克，远比巴山松种子大；巴山松种子椭圆状卵圆形，长仅 0.6~0.7 厘米，千粒重仅 25.1 克。

第四章　地理环境

一、地质地貌地形

大巴山是在燕山运动和喜马拉雅造山运动时期形成的地槽型褶皱断层山地[11]。在大地构造上位于扬子地台北缘，四川盆地与秦岭造山带的过渡部位，以城口—钟宝断裂为界，分为南大巴山和北大巴山两个岩石构造单元。中三叠世之后，由于扬子板块与华北板块间陆续碰撞拼合及扬子向秦岭之下的巨大陆内俯冲，发育为秦岭前缘的推覆构造带[12]。

大巴山位于川、陕边境地带，为汉江水系和嘉陵江水系的分水岭，山势呈西北—东南走向，东西长约 300 余千米，海拔高度一般为 1500~2000 米。大巴山以任河为界，西段称米仓山，其主峰光头山海拔 2465 米，铁船山海拔 2533 米，地表岩层主要是石灰岩、花岗岩、砂岩、石英岩、板岩、千枚岩等。石灰岩地区喀斯特地貌特别发育，形成许多岩溶地形如石芽、石峰、天生桥、石钟乳地下暗河，砂、页岩地区多浑圆形和平梁状丘陵，以及峡谷盆地相间的地貌；任河以东称大巴山，主要是结晶灰岩、石英片岩、板岩、千枚岩等变质岩组成，大巴山主峰神农架顶海拔 3105 米，化龙山海拔 2917 米，山势峥嵘。中山地区深切狭谷和陡峻山岭相间，河道弯曲，但分水岭多为平缓宽梁[11]。

米仓山地处汉南古陆，在大地构造上位于扬子地台北缘，大巴山褶皱带，为次一级构造单元，主要地层为前震旦纪火成岩、变质岩和古生代至中生代沉积岩组成[15]。

二、气候

秦岭是我国南北气候分界线，位于秦岭之南的秦巴山区，属长江水系，在全国气候区划中，属北亚热带湿润季风气候区，具有由北亚热带向暖温带过渡的特征。因气温和降水量受海拔、地形、纬度、植被等影响，各地段气候有所差异。以影响最大的海拔为主，大致可划分为：800 米以下为北亚热带气候层，800 ~ 1400 米为暖温带气候层，1400 米以上为中温带和寒温带气候层[15]。巴山松主要分布在暖温带和中温带气候层。

（一）气温

1. 气温随海拔升高递减

据南郑县气象站计算：海拔 800 米以下地区，≥10℃活动积温 4697 ~ 4290℃，海拔 800 ~ 1000 米丘陵浅山区，≥10℃的活动积温 4290 ~ 3840℃，海拔 1000 ~ 1400 米中山区，≥10℃的活动积温为 3840 ~ 3040℃，海拔 1400 ~ 1600 米深山区，活动积温最高只有 3040℃[15]。

以巴山山区的下述县气象站观测数据为例：岚皋县站海拔 438.5 米，年均气温 15.1℃，西乡县站海拔 447 米，年均气温 14.6°，南郑县站海拔 536.5 米，年均气温 14.2℃，镇巴县站海拔 681 米，年均气温 13.8℃，宁强县站海拔 858 米，年均气温 12.9℃，镇坪县站海拔 995.8 米，年均气温 12.1℃，反映气温随海拔升高而递减。

2. 南北坡不同海拔高度气温递减率稍有差异

位于米仓山北麓的南郑县城较山顶大坪梁（海拔 2329 米，年均气温 4.5℃）海拔低 1792.5 米，年均气温低 9.7℃，平均海拔每升高 100 米，气温递减 0.54℃；位于米仓山南麓的前进（海拔 640 米，年均气温 14.3℃）较山顶大坪梁海拔低 1689 米，气温低 9.8℃，平均海拔每升高 100 米，气温递减 0.58℃[15]。

（二）降水量充沛，分布不均

1. 因受季风影响，季节雨量不均

以南郑县气象站观测数据为例：县城年降水量平均为 970.4 毫米，夏季降水量最多，占全年降水量的 42.7%，秋季次之，占全年 32.2%，春季降水量占 21.9%，冬季最少，仅占 3.2%[15]。

2. 降水量随海拔升高而增加，但到一定高度后趋减

位于米仓山北坡山下部的南郑县红庙（海拔 675 米）年降水量 1284 毫米，较坡中部的陈家坪（海拔 1210 米，年降水 1685 毫米）多 401 毫米，平均海拔每升高 100 米，降水量增加 75 毫米；陈家坪较山顶大坪梁（海拔 2329 米，降水量 1582 毫米）年降水量少 103 毫米，平均海拔每升高 100 米，降水量减少 9.2 毫米[15]。

据《巴山山地的气候特点》一文称：降水量随海拔升高而增加，达到一定高度转向海拔上升，降水减少。巴山南坡最大降水量的高度：冬季 1250 米，夏季 610 米，巴山北坡冬季为 1480 米，夏季为 780 米；降水量水平分布统一为海拔 500 米时，雨量由北向南递增[17]。

三、土壤

秦巴山地地带性土壤为黄棕壤、棕壤和山地暗棕壤、亚高山草甸土[11]。

黄棕壤是亚热带的红、黄壤与暖温带的棕壤、褐土的过渡类型，可分为黄褐土和黄棕壤两个亚类。黄褐土主要分布在海拔

1000 米以下的低山丘陵地带，土壤剖面有凋落物层（A_0）、腐殖质层（Ah）、淀积层（Bt）和母质层（C）等基本层次，表层颜色深暗，整个土体呈黄褐色，中性至弱碱性反应，无碳酸盐反应，腐殖质含量为 2%~4%；黄棕壤在秦岭南坡和巴山北坡海拔 1000 米以上，秦岭南坡上至海拔 1300~1500 米，巴山上至海拔 2000 米左右，为黄棕壤分布区，其上与棕壤连接。黄棕壤的剖面由凋落物层（A_0）、腐殖质层（Ah）、淀积层（Bt）和母质层（C）组成。腐殖质层一般 5~10 厘米，暗棕色或灰棕色，团粒状、团块状结构，淀积层较深厚，呈鲜明的棕色，发育在石灰岩母质上，颜色黄棕略显带红色，结构面上有红褐色或暗褐色铁锰胶膜，呈弱酸性至酸性反应，无石灰反应[11]。

棕壤又称棕色森林土，是在暖温带落叶阔叶林或针阔叶混交林下形成的森林土壤。在秦岭海拔 1300~2200 米，巴山海拔 2000 米以上为棕壤分布地带。棕壤形成过程的基本特点是具有明显的黏化过程、淋溶过程，淀积层比较深厚，呈明显棕色，发育在石灰岩上黏重，略带红色，呈弱酸性，无碳酸盐反应及钙积层，剖面有铁、铝积累趋势[11]。

暗棕壤又叫暗棕色森林土（过去称灰化土或灰棕壤），可分为普通暗棕壤、生草暗棕壤、白浆化暗棕壤和暗棕壤等 4 个亚类，主要分布在秦岭海拔 2200 米以上的山地，形成于温带针阔叶混交林下，主要树种是冷杉（*Abies fargesii*）、云杉（*Picea asperata*）和桦木类（*Betula* spp.）；山地草甸土，主要分布在秦巴山顶部宽坡和宽梁地带[11]。

《四川森林》中记述：巴山松林下土壤在城口、万源海拔 1200~1300 米为石灰岩坡积母质发育的残余红色石灰土，米仓山海拔 1300 米和大巴山、巫山海拔 1500 米以下为山地黄壤，在此以上至 2000 米为山地黄棕壤，2000 米以上为山地棕壤。土壤特点，除残余碳酸盐土呈中性反应外，其余土类呈酸性—微酸性反应。土壤厚度40~100厘米，腐殖质含量低，凋落物厚5厘米左右，土体紧实，结构不良，石砾、角砾含量20%~40%，多为坡积母质发育而成，土表常见石块、角砾堆积，综合肥力低[21]。

鄂西长江三峡库区为秦巴山地南缘，属北亚热带季风气候，低山河谷具有明显的亚热带气候特征，随着海拔递增，垂直地带性森林气候尤为显著，土壤类型因海拔不同而异，1600米以下，多为山地黄褐壤，1600~2400米为山地黄棕壤，2400~3105米多为山地灰棕壤，局部地段分布着石灰土。森林土壤类型的垂直分布与植被分布相一致[23]。

四、植被

秦巴山地处于北亚热带北缘，随海拔升高，具有亚热带常绿落叶阔叶混交林到暖温带落叶阔叶林的过渡带特征，是南北植物交汇地带，植物种类繁多，成分复杂，具有强烈的过渡性；在第四纪冰川期，由于这里的特殊位置和复杂的地形，秦岭、米仓山、大巴山及武陵山一带成为许多古老动植物的避难所，一些第三纪古热带植物区系古老孑遗植物及演化上的原始种，例如人们称为"活化石"的珙桐（*Davidia involucrata*）、银杏（*Ginkgo biloba*）、鹅掌楸（*Liriodendron chinense* S. ）、杜仲（*Eucommia ulmoides*）等在这里残留[13]。

《中国林业区划》把这里划入南方用材、经济林地区，属于秦巴山地水源、用材林区（西段）和四川盆周山地用材、经济林区（北段）。其认为秦岭处于暖温带落叶阔叶林带向北亚热带常绿落叶阔叶混交林过渡带。大巴山属北亚热带常绿落叶阔叶混交林带。海拔1000米以下为核桃、油桐、杜仲为主的经济林带，海拔

1000～1700 米为落叶阔叶和常绿阔叶林带，主要树种有栓皮栎（*Quereus varibilis*）、茅栗（*Castanea seguinii*）、青栲（*Cyclobanopsis myrsinaefolia.*）、麻栎（*Quercus acutssima*）、楠木（*Machilus ichangensis*）、槭树（*Acer bavidii*）、杉木（*Cunninghamia lonceolata*）及马尾松（*Pinus massoniana*）、巴山松（*Pinus heryi*）等，1700～2300 米为针叶和阔叶林带，主要树种有锐齿栎（*Quercus aliena* var. *acuteserrata*）、山毛榉（*Fagus pashanica*）、华山松（*Pinus armandii*）；海拔 2300 米以上为巴山冷杉（*Abies fargesii*）、秦岭冷杉（*Abies chensiesis*）及红桦（*Betula albo-sinesis*）等组成的林分[14]。

《陕西森林》认为：秦岭南坡低山丘陵、汉江盆地和大巴山北坡，属于常绿阔叶与落叶阔叶混交林带。这里北有秦岭屏障，阻挡了西伯利亚寒潮侵袭，南有大巴山横亘，阻挡了辐射热的散发，汉江河谷又迎来了东南季风暖湿气流，给喜温暖的亚热带植物生长创造了良好条件。其中海拔 1000 米以下的江汉盆地和秦巴低山丘陵为常绿阔叶与落叶阔叶混交林区，秦岭南坡 1000～1700 米和巴山 1100～2100 米为含常绿阔叶树种的落叶阔叶林带[11]。

《汉中林业区划》称：秦巴山地水平地带性森林植被为含有常绿阔叶树种片层的落叶阔叶林。按垂直分布：①秦岭南坡海拔 600～1000 米，巴山北坡海拔 600～1100 米为常绿落叶阔叶混交林，主要树种有马尾松（*Pinus massoniana*）、杉木（*Cunninghamia lanceolata*）、樟木（*Cinnamomum camphora*）、楠木（*Phoebe zhennan*）、青冈栎（*Cyelobalanopsis*）、栲（*Cyclobalanopsis myrsinaefolia*）、茶（*Camellia sinensis*）、柏木（*Cupressus funebris*）、侧柏（*Platyladus orientalis*）、麻栎（*Querecus acuyissima*）、栓皮栎（*Quereus varibilie*）、茅栗（*Castanea seguinii*）、油桐（*Vernicia fordii*）、棕榈（*Trachycarpus fortunei*）等；②秦岭南坡海拔 1000～2200 米为松栎林带。米仓山海拔 1100～2100 米为含常绿阔叶树种的落叶阔叶

林，主要树种有栓皮栎（*Quereus varibilie*）、巴山松（*Pinus henryi*）、华山松（*Pinus armandi*）、锐齿栎（*Quercus aliena* var. *acutesrrata*）、山毛榉（*Fagus pashanica*）、坚桦（*Hetula chinensis*）、光皮桦（*Betula luminifecra*）、槭（*Acer* spp.）、漆（*Toxicodendron cernicifluum*）、卜氏杨（*Populus ningshanica*）、山杨（*Populus davidiana*）、枫杨（*Pterocarya stenoptera*）、鹅耳枥（*Carpinus turczaninowii*）等，散生的常绿阔叶树种有青冈栎（*Cylobanopsis oxyodon*）、山胡椒（*Lindera glauca*）、苦槠（*Cyclobalanopsis glauca*）、木姜子（*Neolitsea wushanica*）、包石栎（*Quercus spinosa*）等；③秦岭南坡 2200～2600 米为红桦林带，2600～3200 米为冷杉林带和太白红杉林带；米仓山海拔 2100～2500 米为山地针叶林带[13]，主要树种有秦岭冷杉（*Abies chesiensis*）、巴山冷杉（*Abies fargsii*）、铁杉（*Tsuga chinensis*）、红桦（*Betula albo-sinensis*）等。

地处秦巴山地南端的长江三峡库区沿江河两岸山地天然林近于消失，大部分被农田、茶园，柑橘园和竹林等人工植被所代替。大体上，海拔 1600 米以下为亚热带常绿阔叶和落叶阔叶林带，1600～2600 米中山地段为温带亮针叶落叶阔叶混交林带，2600～3105 米亚高山地段为寒温带暗针叶林带。库区境内巴东县小神农架山脉及库区西南部恩施山区和北部神农架林区尚有较大面积的原始、半原始森林，这些森林成为目前三峡周边地区野生动物唯一的生存繁衍场所或庇护地[23]。

综上所述，巴山松分布主要地带气候属北亚热带湿润季风区暖温带和中温带气候层；植被为含常绿阔叶树种的落叶阔叶林带；地带性土壤为黄棕壤土类，呈弱酸性至酸性反应。

第五章 主要林分类型

植物群落组成是林分的主要特征,以主要树种和生态地理特征等因素,划分类型,简称林型。优势树种相同,下层植物和立地条件相似的森林群落划为一个林型。

《陕西森林》将陕西境内巴山松林划分为以下 4 个主要类型[11]。

一、杉木巴山松林

在海拔 1000~1200 米的低山丘陵和山梁地带,土壤为山地黄棕壤,一般林分树种组成中:巴山松(*Pinus henryi*)占 8 成,杉木(*Cunnighamia lanceolata*)、枫香(*Liquidambar formosana*)各占 1 成,伴生有栓皮栎(*Quercus varibilis*)、茅栗(*Castanea seguinii*)、枫杨(*Pterocarya stenoptera*)等,由于海拔低,气温高,湿度小,巴山松处于分布下限,生长较差,地位级低。主要灌木有胡颓子(*Elaeanus pungens*)、盐肤木(*Rhus chinensis*)、南蛇藤(*Celastrus orbiculata*)、马桑(*Coriaria sinica*)、荚蒾(*Viburnum dilatatum*)等。这里一般人为活动频繁,森林破坏严重。

二、华山松巴山松林

在海拔 1250~1500 米山坡中下部地带各个坡向,一般林分树种组成中巴山松(*Pinus henryi*)占 6~8 成,华山松(*Pinus armandii*)占 1~2 成,锐齿栎(*Quercus alicna*)占 1 成,还混生茅栗

（*Castaca seguinii*）、山杨（*Populus davidiana*）、漆树（*Toxicodendron vernicifluum*）、核桃楸（*Juglans mandshurica*）、枫杨（*Ptercarya stenoptera*）等，土壤为山地黄棕壤，地位级较高，林地生产力高。华山松中龄后常因小蠹虫危害死亡，被其他树种更替。林分疏密度 0.6～0.9。林下灌木主要有胡枝子（*Lespedeza bicolor*）、灰栒子（*Cotoneaster acutifolius*）、马桑（*Coriaria sinica*）等，活地被草类主要有羊胡子草（*Carex nigescens*）、麦冬（*Liriope spicata*）等。

三、锐齿栎巴山松林

在海拔 1500～1700 米山坡中下部，一般林分树种组成中巴山松（*Pinus henryi*）占 5～8 成，锐齿栎（*Quercus alicna*）1～2 成，华山松（*Pinus armandii*）不足 1 成，还混生红桦（*Betula albo-sinensis*）、牛皮桦（*Betula utilis*）、青榨槭（*Acer davidii*），鹅耳枥（*Carpinus turczaninowii*），山杨（*Populus davidiana*）等，土壤为山地黄棕壤，林地生产力高。林下灌木主要有胡枝子（*Lespedeza bicolor*）、灰栒子（*Cotoneaster acutifolius*）、胡颓子（*Elaeagnus pungens*）等。

四、陡坡峭壁巴山松林

分布在海拔 1600～1900 米山上部山脊、峭壁地带，土壤为山地棕壤，岩石裸露 20%～50%。一般林分树种组成中巴山松（*Pinus henryi*）占 8～10 成，伴生刺叶栎（*Quercus spinosa*）、华山松（*Pinus armandii*）等。因土层薄，地位级较低，疏密度为 0.5，巴山松天然更新好。林下灌木主要有巴山木竹（*Bashania fargesii*）、胡颓子（*Elaeagnus pungens*）、蔷薇（*Rosa multiflora*）等，活地被草类主要有羊胡子草（*Carex nigescens*）、油芒（*Spodiopogon* cotulifer)等。

《四川森林》称：巴山松林处于常绿阔叶林带与山地暗针叶林带之间，林相不整齐，层次不明显，组成树种复杂，优势树种巴山松（*Pinus henryi*）占 5~9 成。按林分及立地条件可划分为刺柏巴山松林和栎桦巴山松林两个类型，前者仅见万源、城口中山下部，海拔 1200~1300 米，林下土壤为山地残余红色石灰土，土质黏重，乔木层以巴山松（*Pinus henryi*）为优势，次要树种为刺柏（*Juniperus fomosana*）、杉木（*Cunnighamia lanceolata*）等；后者多分布在米仓山南坡海拔 1100~2100 米各坡向、坡位，乔木层以巴山松为优势，次要树种有栎类（*Quercus* spp.）、桦木（*Betula* spp.）、水青冈（*Fagus* spp.）、华山松（*Pinus armandii*）、槭（*Acer* spp.）、漆（*Toxicodendron vernicifluum*）等[21]。

鄂西山地 1000~2000 米均有巴山松分布，宜在阳坡、半阳坡山地黄棕壤上生长，多为纯林。间或有伴生树种华山松（*Pinus armandii*）、铁杉（*Tsuga chinensis*）、锐齿栎（*Quercus aliena* var. *acuteserrta*）、栓皮栎（*Quercus variabilis*）、化香树（*Platycarya strobilacea*）和山柏（*Sabina squammata* var. *fargesii*）等。灌木有胡枝子（*Lespedeza bicolor*）、猫儿刺（*Ilex pernyi*）、箭竹（*Sinarundinaria nitida*）等。巴山松是三峡库区亚高山、中山地带重要造林树种，天然更新能力强，在遭到极度砍伐后，只要有母树存在，仍可恢复成林[23]。

第六章　生态学特性

一、属阳性树种，喜光不耐庇荫

植物依靠叶子里的叶绿素，吸收太阳光能，把二氧化碳和水加工成糖和淀粉，释放出氧气，这种作用叫光合作用。植物的产量都是依靠光合作用取得的。树木均需要充足的阳光，才能枝叶繁茂，正常生长发育。各种树木长期处于不同光照条件下，对光照产生一定适应性，不同树木对弱光的适应能力，即耐阴能力不同，这就是树种的耐阴性，根据树种的耐阴程度分为阴性树种、中性树种和阳性树种。阴性树种枝叶稠密，自然整枝差，一般生长较慢，开花结实较迟，其幼苗幼树可在阴暗的林下生存，即林下天然更新好；阳性树种枝叶稀疏，自然整枝强烈，一般生长快，开花结实早，幼苗幼树生长需充足阳光，宜在空旷地、稀疏林地上更新；中性树种耐阴程度居中。巴山松属阳性树种，喜光不耐庇荫，密林下天然更新不良。

处于林分上层的巴山松植株，树冠发达，生长健壮，结实正常，但处于密林中下层的巴山松植株因光照不足，自然稀疏明显，活枝下高，树冠短而狭窄，枝条细弱，结实少，生长不良。

黎坪林场20世纪90年代在黄洋河、阴死沟阴坡下部阔杂林采伐迹地营造的巴山松，幼林已覆盖林地，但10年后林地被阔杂树种覆盖，因密度过大，巴山松植株生长不良，若不及时抚育间伐，解放巴山松植株，将会被阔杂树种取代。但在山坡上部、山脊部位，土层脊薄、水分条件差，但光照充足，巴山松幼林生长健壮，可形成以巴山松为优势的林分。

二、宜温凉湿润的气候条件，畏干热、高寒

巴山松天然分布的水平地带为北亚热带季风气候区，一般分布区海拔为 1000~1800 米，基本上属暖温带和中温带气候层。据黎坪林区气象哨（海拔 1600 米）观测资料：这里年均气温 7.4℃，1 月份平均气温 -4.3℃，极端低温 -22.9℃，≥20℃的活动积温甚微，7 月份平均气温 18.6℃，基本无夏，无霜期 160 天，年均降水量 1372 毫米，多集中在 7、8、9 月；又如巴东县巴山松分布区的广东亚及辛家、枣子等公社巴山松自然分布的下限海拔 1200~1400 米处的年均气温 10.4℃，七月平均气温 20℃，极端最高气温 32℃，年降水量 1500 毫米，空气湿度 80%以上；陕西宁陕县火地塘海拔 1000 米处年均气温 8.2℃，极端最高气温 29.2℃，年降水量 1000~1100 毫米，以上系巴山松分布的下限气候指标。在其分布上限，海拔 1800 米的巴东县广东亚年均气温 7.7℃。7 月份平均气温 18.6℃，极端高温 29℃，极端低温 -16℃。巴山松分布区的气候最主要特点是夏季凉爽，年降水量多，空气湿度大[10]。

巴东县辛家、枣子乡海拔 1300 米以上，大量分布巴山松纯林，生长良好，在海拔 1200 米左右巴山松与马尾松形成混交，巴山松尚能正常生长。在海拔 1100 米有巴山松零星分布，但巴山松生长不正常，9 月份调查：2 年生针叶普遍呈黄红色，原因可能是随着海拔下降，气温升高，在海拔 1200 米以下这里的气温超越了巴山松适应的极限，故针叶变色，生长不正常。海拔 1000 米以下，巴山松基本绝迹[10]。

在米仓山海拔 1800 米以上，因气温过低，很少有巴山松分

布。黎坪林场在 20 世纪 90 年代在大冷坝一带造的巴山松林，海拔达 1800 米以上，因气温低，部分地段生长较差。

三、在土层深厚肥沃的山坡下部速生高产

因黎坪林区雨量充沛，空气湿度大，夏季气候凉爽，未出现过干旱；森林覆盖率高达 90% 以上。明显的是山上部和山脊部位的巴山松林较山坡中、下部的巴山松林生长慢，树高低，密度稀，林地生产力低。其原因主要是这里山坡上部和山脊部位一般坡度陡，土层较薄，而山坡中部和下部土层深厚、肥沃。在巴山松各林型中，以分布在山中部和下部的锐齿栎巴山松和华山松巴山松林分类型，林木生长好，林地生产力高，而分布在山坡上部和山脊部位的陡坡峭壁巴山松林分类型生长缓慢，树高低矮，林地生产力低。如本书第八章中，例 1 为镇巴与西乡交界处一陡坡峭壁巴山松林调查：120 年，平均高 13 米，平均胸径 30 厘米，每公顷蓄积量 120 立方米；例 9 为石郎坝海拔 1500 米山坡下部 1 锐齿栎巴山松林标准地调查：130 年，平均高 25 米，平均胸径 40.5 厘米，每公顷蓄积 276 立方米，二者林龄接近，但后者蓄积量较前者大一倍，平均高大近一倍，原因主要是后者处于山坡下部，土壤深厚，水分条件好。

四、对土壤适应性强，可在悬岩峭壁上生长

黄棕壤是巴山松分布地区的地带性土类，形成土壤的基岩种类多，但在巴山松分布区内，无论哪种基岩母质，无论含砂、含石量多少，无论土层薄厚，质地轻黏，坡度陡缓，巴山松都可生长，即是在土层瘠薄的悬岩峭壁上，巴山松根系也能扎入石缝

中，盘石而生，健壮生长，表明巴山松耐干旱、耐瘠薄。

五、抗冰凌性强

巴山山地巴山松分布地带，冬季漫长，降雪多，空气湿度大，气温长时间在 0℃ 以下，尤其是山脊部位的树木枝干被冰雪雾凇包裹，由于负重超过枝干承载能力，一些树木顶梢和枝条常被压折，但巴山松抗冰凌能力很强，很少发现被冰雪压断主梢和枝干的现象。调查表明：巴山松抗冰凌能力优于柳杉（*Crytomeria fortunei*）、华山松（*Pinus armandii*）、桦木（*Betula* spp.）等树种，是优良的高山防护林树种[10]。

六、天然更新能力强

在黎坪林区巴山松林缘或林中空地上，常见巴山松幼苗幼树，一般生长健壮，可望成林。据报道：建始县龙潭坪至辛家公社杨家台 10 千米左右的公路两旁全是天然更新的巴山松中幼龄林，呈群团状分布，长势十分喜人[10]；据城口和奉节等县调查，一般有散生巴山松母树的荒山，均有巴山松更新幼苗、幼树，在巴山松林冠下每亩*有三年生以上的幼树 500 株以上，而且分布均匀[20]；在四川南江县沙河坝林场巴山松林冠下，一般有天然更新幼苗、幼树，高 0.5~2.0 米，团状分布，盖度 5%~10%，生长良好，可望成林[21]。

巴山松有一定的结实能力，种子有一定飞散能力，容易占领裸地，属于先锋树种，因此说巴山松天然更新能力强。但是，巴

＊ 1 亩≈0.067 公顷。

山松天然更新能否有效，与环境条件和人为活动密切相关。人为活动，破坏了地表植被，有利于巴山松种子发芽和幼苗生长。若在山坡下部土壤深厚肥沃地段巴山松幼林形成，其他比较耐阴的阔叶树种如栎类等同时侵入，由于栎类等阔叶树种在这种立地条件下，比巴山松竞争力强，最后巴山松会被栎类等阔叶树种自然代替。这种情况下，若有人为干预，适时砍除栎类等阔叶树种，才能形成巴山松林；在土层瘠薄、比较干燥的山坡上部，由于栎类等阔叶树种对土壤水分和肥力要求高，不宜在这里生长，生长缓慢，但巴山松耐干旱、耐瘠薄，适宜在这种条件下生长，所以这些地段巴山松林是稳定的。

七、抗病虫害能力强

黎坪巴山松林区未发现巴山松染病虫危害。在华山松和巴山松混生地带，华山松到中龄期后，经常发生因华山松大、小蠹虫危害，成片死亡，但林区未发现巴山松受害。巴山松林区山地育苗中，也未发现因病虫害危害而失败的现象。

第七章　森林资源状况

森林是地球表面的木本植物群落的总称，它包括林木、林地和依托林木生存的林下植物、野生动物、土壤微生物及相互影响的自然环境，它是陆地生态系统的主体。

森林资源调查的主要对象是林木、林地和林区内野生植物、动物以及其他自然环境因子等。森林资源调查工作的主要任务是查清各类面积和各类林木蓄积量等情况。

原林业部颁布的《森林资源调查主要技术规定》中，把森林资源调查分三类：①一类调查：以省（市、区）、大林区为单位进行，为制定全国林业方针政策，编制全国、各省（市、区）、大林区的林业规划和预测提供依据；②二类调查：以国有林业局、林场、县为单位进行，以满足编制森林经营方案、规划等需要，根据不同条件和目的要求，分为 A、B、C 3 个等级；③三类调查：即作业设计调查，系林业基层单位为满足造林、抚育间伐、主伐作业而进行的调查。

《中华人民共和国森林法》将森林划分为：①防护林：有水土保持林、水源涵养林、防风固沙林、农田牧场防护林、护岸林、护路林；②用材林（含竹林）；③经济林：有油料林、特种经济林、果树林、其他经济林；④薪炭林；⑤特种用途林：有国防林、实验林、母树林、环境保护林、风景林、名胜古迹和革命圣地林、自然保护区林。

一、我国巴山松资源面临枯竭

由于巴山松这一树种分布范围小，数量少，分布零散，在森林资源调查中一般未能单列，常被合并为油松或其他松类，至今没有全面可靠的巴山松森林资源统计数据。

据《陕西森林》记述：目前陕西省低海拔集体所有的巴山松林，因滥伐、过伐，大多为10~40年生的幼、中龄林。大面积成熟林，仅见于南郑县黎坪林场内的石郎坝。据不完全统计，陕西现存巴山松林约17660公顷，蓄积量506200立方米，其中成熟林约7500公顷，蓄积量36万立方米[11]。

据李新富等报导：分布于四川省通江、巫溪、奉节、巫山，湖北省巴东、建始、五峰、神农架的巴山松林曾有6000公顷，经过连年砍伐，现在只有零星散生的了。巴东县的幸家、枣子等乡镇曾有大面积巴山松天然林，经连续过量砍伐后，如今只能见到几亩、几十亩一片片幼林。湖北省恩施、利川、宜恩县有零星单株散生[10]；巴东县铁厂荒及辛家一带，在海拔1500~2000米的山区有树龄30年生以上的巴山松人工纯林200多公顷，还幸存小片天然林[23]。

据1989年张芳秋等对巴山松分布区的3省23个县(包括湖北省房县、神农架、兴山、巴东、建始、恩施、五峰、咸丰、利川；四川省黔江、石柱、万源、通江、南江、旺苍、广元、奉节、巫溪、巫山、城口；陕西南郑、镇巴、宁强等)62个乡、村、林场的调查：大面积巴山松过熟林仅见南郑县黎坪林场、南江县大坝森林经营所、巫溪县白果林、兴山县板庙乡等地，以黎坪林场面积最大；成熟林很少，中幼林较多，多为数十公顷和几公顷小片，散生分布[1]。

二、南郑县黎坪林场巴山松资源近期明显增加

据 1984 年黎坪林场森林资源调查：全场巴山松（原称油松）林总面积 1661 公顷，总蓄积量 190996 立方米；又据 2009 年南郑县森林资源调查：黎坪林场巴山松（原称其他松）林总面积为 3455 公顷，总蓄积量 295611 立方米，详见附表 7-1。

表 7-1　黎坪林场两次森林资源调查巴山松面积蓄积对比表

单位：公顷、立方米

调查时间	合计		幼龄林		中龄林		近熟林		成熟林		过熟林	
	面积	蓄积	面积	蓄积	面积	蓄积	面积	蓄积	面积	蓄积	面积	蓄积
1984 年	1661	190996	155	486	338	28926	16	1712	201	21023	951	138849
2009 年	3455	295611	900	37508	492	38380	1491	141194	422	59833	150	18696
增减量	1794	104615	745	37022	154	9454	1475	139482	221	38810	−801	−120153
增减%	108	55										

从表 7-1 中可知，黎坪林场在 1984～2009 年的 25 年间，巴山松林面积增加 1794 公顷，蓄积量增加 104615 立方米，同比分别增长 108% 和 55%。

说明：上述两次调查[*]均为二类 C 级，但技术标准稍有不同，1984 年调查时规定疏密度 0.3 及以上算有林地，2009 年改为疏密度 0.2 及以上为有林地；两次调查方法也不完全相同。1984 年系采用地形图区划，对坡勾绘小班，目测调查，角规控制蓄积调查，以林场为单位，逐级汇总，绘制林相图，小班能落实到山头地块；2009 年调查系以南郑县为总体，利用最新卫星照片，仍按

---

[*] 1984 年调查由西北林业调查设计院承担。2009 年调查由陕西省林业勘察设计院承担。

原林场、营林区、林班区划，在卫片上判读划分小班，有林地小班面积平均6.5公顷，现地验证，正判率90%，在图上查定小班面积。蓄积量采用以县为总体，确定抽样样地346个，现地对样地进行调查，蓄积量根据遥感因子(影像颜色)、环境因子(坡向、坡位、坡度)和林分因子(树种，龄组，郁闭度)建立森林蓄积量数值数学模型，进行回归运算，求算各小班蓄积量，总精度92.4%，又通过515个小班实地核查，各主要树种小班蓄积量在允许范围的合格率在84%以上，其中巴山松为86.6%。黎坪林场为全县调查的一部分，抽样点少，林场总蓄积量精度低于全县总精度。巴山松主要分布在黎坪林场(林场巴山松林总面积和总蓄积分别占全县巴山松总面积和总蓄积的87.1%和91.3%)，林场的巴山松总蓄积量精度应接近全县巴山松总蓄积量精度。

严格说，因两次调查因技术标准和方法不同，调查结果无可比性。但可作为资源动态变化分析的依据。两次调查中，面积的确定方法均在图上查定。主要是蓄积量调查方法不同，前次为入林逐小班目测，角规控制。后次为抽样调查。2009年调查林场的巴山松总面积和总蓄积较1984年调查有较大增长，其中总面积增长幅度大于总蓄积增长幅度。但因抽样调查只能保证总体精度，分龄组面积和蓄积量误差较大，仅供参考。从现实情况分析如下。

(1)巴山松总面积有较大幅度增加是符合实际的。其主要理由：一是自2000年后这里实行天然林保护，并划入森林公园，禁止采伐，近期未发生森林火灾和其他破坏性灾害，巴山松在林缘和林中空地天然更新好，巴山松面积自然扩大是必然的；二是1990~1998年林场巴山松人工林造林已见成效，2009年调查中巴山松人工林887公顷，占新增巴山松面积的49%。

(2)巴山松总蓄积量是增加的，但总蓄积较总面积增长幅度小，也是符合实际情况的。其理由：一是蓄积量随面积增加而增长；二是1984～1999年，林场经上级审批，采用择伐方式，采伐巴山松成过熟林生产商品松材约4万余立方米（折合蓄积量5万余立方米），但采伐量低于同期巴山松蓄积总生长量，择伐作业只减少蓄积量，不减少有林地面积；三是2000年后实施天然林保护工程，近10年无采伐消耗，总蓄积量增长是肯定的。

三、黎坪林区森林的变迁

这里黎坪林区指以石郎坝为中心的八道河即西流河（系入嘉陵江的东河上游）源头地带，属黎坪林场黎坪经营区，总面积7734公顷，森林覆盖率为91%，现常住人口约800人。按1984年调查资料，这里的巴山松林面积和蓄积量分别占全林场巴山松林总面积和总蓄积量的74%和85%。

该林区龙须沟口附近有一株胸径120厘米的巴山冷杉（树顶已枯），小冷坝有一株胸径150厘米刺叶栎，年龄各200～300年，是这里最大的古树；在该林区现常可见胸径60厘米左右，树高达30余米，年龄160年左右的巴山松植株。这些都是原有森林残留的遗迹，是形成年代的证据。

据《陕西省志·林业志》记述：秦、巴山区在明朝代宗景泰中（1450～1456年）已出现垦殖，中浅山受到屯垦冲击。清初，有流民进入秦岭、巴山的老林开荒。乾隆六年（1741）取消山禁，乾隆三十七年（1772）四川、湖北省歉收，屡有旱灾的河南、江西、安徽等饥民亦多，携带家室来秦巴山种地开荒者络绎不绝。"远从楚黔蜀，来垦老林荒……结棚满山梁"。这些"棚民"多至"深山邃谷，到处有人，尺水可灌"。除焚山毁林开垦外，还出卖林木，或者被雇作劳力采伐森林，出卖原木、板材，还有不少木炭窑、造纸厂、制铁锅农具的冶炼场。到宣宗道光初年（19世纪30年代），"南北两山老林，皆垦伐殆尽"。随后白莲教在陕南活动，以后太平天国两次远征陕西几十年的战争，森林资源枯竭，流民大都流走。全省人口由清道光年间的 1200 万锐减到清末的 800 万，给秦巴山区森林恢复以喘息的机会[18]。

据《陕西森林》记述：南宋吴璘、吴阶在安康、汉中屯田只限于汉江沿岸盆地。秦巴山区大面积天然植被受到破坏，始于元末明初。明代中叶以后郧阳山区流民达 200 万人以上，刀耕火种，毁林开荒森林遭到大量破坏。迨至清光绪年间，秦岭、巴山区淫雨连年，高山冻害严重，庄禾不收，山民下移，森林才有所恢复。但到国民党统治时期，繁重的苛捐杂税迫使农民向林区迁移，毁林种地，特别是对低山森林破坏极为严重。秦岭、巴山的森林在新中国成立后继续受到摧残，党和政府虽三令五申不准毁林开荒，乱砍滥伐破坏森林，但未能制止，据汉中有关部门估计 30 多年来毁林开荒 13.3 万公顷以上。过量采伐，超收超购木材对森林的破坏也很严重[11]。

据南郑县文史资料：黎坪地处川陕交界，自明代开发，至清光绪初，农牧兴旺，黎坪镇居民达 300 余户，至晚清时，这里盛植罂粟，一时异常繁荣，此期这里原有森林可能大多被破坏。民国初期，1920 年张真仙在黎坪传红灯教，被官方平定，后这里又为匪首王三春盘踞，因不堪匪患袭扰，居民纷纷外流，所剩无几，此期对森林形成十分有利。1935 年红四方面军徐向前部曾经驻扎此地，燕子垭有红军坟。

1940 年 3 月，这里成立黎坪垦区，直属国民党中央，农林部任命安汉*为垦殖局局长，在黎坪安置沦陷区难民 3 万余人，建

---

* 安汉字杰三，南郑梁山人，1896 年生，1918 年自费留学法国，获农学硕士学位，曾任国民革命军驻陕司令部参议，陕西省建设厅厅长等职，著《西北农垦论》等，1937 年曾任黄龙垦区副局长。爱国爱民，深受百姓拥戴。

房 7000 余间，修公路千余里，在缓坡地上开垦荒地 6 万余亩，口粮自足（因安汉为人正直，得罪了权贵，1943 年农历 10 月 27 日被汉中警备司令祝绍周杀害，黎坪垦殖局随之解体）。1945 年抗日战争胜利后，灾民陆续返乡，弃耕荒地上逐渐形成森林，距今 70 年。由于当时安汉重视保护森林，才使原有一部分森林，即现在 70 年以上的巴山松过熟林得以保存。

据本书表 7-1 黎坪林场森林资源调查统计表中：1984 年调查的巴山松总面积 1661 公顷中，509 公顷为年龄小于 50 年（现约 70 年）的幼、中、近熟林，应为抗日战争胜利，黎坪垦殖局解体后形成的，其余 1152 公顷成、过熟林，应是黎坪垦区以前形成的，其中树龄在百年以上的过熟林应是清晚期（19 世纪中期）形成的幸存者，虽有人入林干扰，但基本保持原顶极森林群落状态，现被称为"巴山松原始林"。

新中国成立后，将黎坪这里绝大多数森林划归国有，1955 年设立森林经营所（黎坪林场前身），从省林业厅到市、县林业局各级领导非常重视这里巴山松的管护工作，1984 年将巴山松成过熟林集中分布的 27、28、31 号 3 个林班（总面积 533 公顷，其中巴山松过熟林 368 公顷），划为特用林，实行了封禁。黎坪林场历任领导坚持把森林保护放在首位，保持了林区近 60 年无森林火灾，基本实现无乱砍滥伐现象；在各级领导的支持和帮助下，开展了巴山松采种、育苗、造林工作，取得了一定成绩，同时开展了巴山松母树林、种子园良种基地建设，为保护和发展巴山松做出了卓有成效的努力；2000 年后，这里实施了天然林保护工程，并将黎坪林区巴山松林划入《黎坪国家森林公园》景区，对巴山松实行了更为严格的管理，使这里的巴山松资源进一步受到重视。这些都有利于巴山松的保护和发展。

综上可以推定，这里的森林在明朝中期（15 世记中期）开始陆续受到破坏；从清初到清道光初年（1830 年），各地灾民流入，使这里森林遭到严重破坏，基本被砍伐殆尽；后因兵荒马乱，人口减少，至清末（20 世纪初）后这里森林逐步得以恢复；1940 年成立黎坪垦区，这里不足百平方千米的山区，毁林开荒 6 万余亩，安置沦陷区灾难民 3 万，口粮自给。此期对森林的破坏强度之大是可想而知的；抗日战争结束（1945 年）后，难民纷纷返乡，人退林进，弃耕荒地天然更新为森林。目前保存的年龄百年以上的过熟林，多是晚清至民国初年期间形成的幸存者，现林龄在为 70 年以下的巴山松林是 1945 年后，主要是新中国成立以来形成的。

四、巴山松古树名木

中国绿化委员会《关于加强保护古树名木工作的决定》中规定：百年以上树龄的树木，稀有、珍贵、具有历史价值或重要纪念意义的树木均属于古树名木，应加强管理，切实注意保护。

据报道，四川省城口县（现属重庆市）厚坪公社金家湾现保留 1 株 200 年生的巴山松，树高 27.5 米，胸径 99 厘米，单株材积 10.37 立方米，至今生长良好[20]；湖北省巴东县铁厂荒林场海拔 1400 米处有一株巴山松古树，树高 32 米以上，胸经 100 厘米以上，树势雄伟，生长旺盛，仍然结实累累，周围生长不少幼树[10]；巴东县野三关区石马乡洪大荒，海拔 2000 米处有一株特大巴山松单株，树龄 260 年，树高 38.3 米，胸径 116 厘米，冠幅 324 平方米，单株材积 20.8 立方米，为湖北最大的巴山松[23]；《陕西森林》中记述：镇巴县北岩湾陡坡峭壁处，海拔 1900 米，一株 233 年生巴山松，胸径 39 厘米，树高 10 米，顶已枯折，但尚结实；另一株 120 年生，解析木树高 21.3 米，胸径 38 厘米；还有一株解析木，100 年生，胸径 58 厘米，树高 32 米[11]。

　　黎坪林区现常可见胸径 60 厘米左右、树高达 30 米的巴山松植株，如管护站北边有一株巴山松，胸径 62 厘米，年龄 160 年，树高 32 米，材积 4.44 立方米。建议对这些古树建档挂牌，妥善保护。

第八章　生长及测定

一、林木生长的一般概念

林木生长有树高生长、胸径生长、断面积生长和材积生长，指树高、胸径、断面积、材积随时间而增大的过程，其增长的数量称为生长量，其中最重要的是材积生长量，它是根据树高和胸径推算的。断面积是根据胸径推算的。

各种生长量按阶段可分为总生长量、平均生长量、连年生长量、定期平均生长量。因每年生长量很少，难测定，故连年生长量常用定期平均生长量代替。均以其绝对值多少表示。

生长率是林木生长量的一种相对指标，它是用林木某一时期的生长量与其同期总生长量之比的百分数来表示。

树木生长量又分为单株树木生长量和林分（指树种、年龄、密度、生长状况等大体一致，与邻近地段有明显区别的一片树林）生长量。

二、年龄的确定

1. 单株木年龄

单株树木年龄是根据根际径部位横断面上年轮数确定的。年轮指横断面上颜色深浅不同的同心圆环。活立木可用生长锥抽取树木根颈处木芯，查数木芯由树皮内到中心的年轮数即为该树年龄，巴山松还可用查数轮生枝（1 年长 1 节）确定年龄。

2. 林分年龄

同龄林的林龄为林木共有的年龄,用在优势树种中选 3~5 株胸径接近平均状态的标准木,查数年龄,取其算术平均值,作为该林分年龄。次要树种选 1~3 株标准木,查其年龄,得该树种的平均年龄。

异龄林内各林木年龄变化幅度很大,择伐林就是典型的异龄林。其年龄系用主林层优势树种的平均年龄代表,可采用主林层优势树种各径级平均年龄的株数或断面积加权法求算[24]。计算公式如下:

$$A = \frac{\sum a_i n_i}{N} \quad 或 \quad A = \frac{\sum a_i g_i}{G} \quad (8\text{-}1)$$

式中,A 为平均年龄;a_i 为各径级平均年龄;n_i 为各径级株数;$\sum a_i n_i$ 为各径级平均年龄和径级株数乘积的合计值;N 为标准地总株数;$\sum a_i g_i$ 为各径级平均年龄和径级断面积乘积的合计值;G 为标准地胸高总断面积值。

异龄林次林层和次要树种年龄可用选标准木法查定。

因异龄林的林龄起算时期不明确,不能作为生长量查定的时间尺度。树木生长期长,故林分年龄是以龄级为单位,一般针叶树及实生硬阔叶树 10 年为一个龄级,用罗马数字 Ⅰ、Ⅱ、Ⅲ……表示。在森林经营活动中把龄级归并为龄组,针叶树和硬阔叶树种 1~20 年为幼龄林,21~40 年为中龄林,41~50 年为近熟林,50~70 年为成熟林,71 年以上为过熟林[25]。

三、单株树木的测定

(一)伐倒木的测定

将树木伐倒后,用卷尺或测竿量得树干长度(即树高),直径用轮尺或围尺等工具量得，断面积由直径值按圆面积公式求算，材积可用下面两种方法求算。

（1）2米区分段求积法：将树干按每段2米区分为若干段，各段体积等于各段1/2处断面积乘以2米，最后一段按圆锥体求体积公式求算，各区分段体积之和即为总材积[24]。计算公式为：

$$V = 2(G_1 + G_2 + \cdots\cdots Gn) + \frac{LG_{n-1}}{3} \qquad (8\text{-}2)$$

式中，V为材积（立方米）；G_1、G_2……G_n为各2米长区分段的1/2处断面积（平方米）；L为最后一段不足2米的园锥体高度（米）；G_{n-1}为圆锥体底面积（平方米）。

（2）中央断面求积法：用树干1/2处断面积乘以树干长度值，即得该树干材积[24]。

$$V = HG = \frac{\pi d_{0.5}^2 H}{40000} \qquad (8\text{-}3)$$

式中，V为材积（立方米）；H为树干长度（米）；G为树干1/2处横断面积（平方米）；$d_{0.5}^2$—为树干1/2处直径（厘米）的平方值；π为圆周率，等于3.1416。

（二）活立木的测定

活立木指生长在地面站立的树木。胸径指树地际至1.3米高处称胸高直径，可直接测得，按圆面积公式换算为胸高断面积；树高采用三角形原理制造的测高器间接测定，或持长杆爬树实测；中央直径可爬树至树高1/2处实量，求算中央断面积。活立木材积采用以下两种方法计算[24]。

（1）中央断面积法：树高值乘以中央断面积，详见公式（8-3）。

（2）平均实验形数法：材积等于胸高断面积乘以树高值加3，再乘以实验形数，计算公式如下。

$$V = G(H + 3)f \qquad (8\text{-}4)$$

式中，V 为立木材积（立方米）；G 为胸高断面积（平方米）；H 为树高（米）；f 为平均实验形数（针叶树等于 0.42，阔叶树为 0.40）。

（三）单株木材积平均生长量

等于上述求算的单株木材积除以该树的年龄得，即材积平均生长量：

$$Z = \frac{V}{A} \qquad (8-5)$$

式中，Z 为单株木材积平均生长量（立方米/年）；V 为单株木材积（立方米）；A 为年龄。

（四）单株木生长过程的测定

树干解析是研究单株林木生长过程的基本方法，可得到单株树木各龄阶各种生长量，比较生长快慢，为树种选择、经营措施的制订等提供依据。

其方法是：在林分中选伐标准木，按区分段截取圆盘（第 1 节 1.3 米处，第 2 节 3.6 米处，第 3 节后每隔 2 米处，最后不足 2 米为梢头）。对每个圆盘，在其上南北两个方向通过圆心用铅笔划十字线，在线上查数年龄（根际圆盘由内向外数年轮，其余圆盘减去根际圆盘外圈不够龄阶的年数后，由外向内数年轮，这样各圆盘年轮龄阶可对齐，扎针标记龄阶，5 或 10 年为一个龄阶），并量取各圆盘各龄阶年轮直径平均宽度，按区分段求积法（各段中央直径乘以长度等于该段材积，第 1 段长 2.6 米，其余长 2 米，末段为稍头，按园锥体积法求算）求各龄阶材积。各段各龄阶材积之和即为各龄阶材积（去皮的）和总树干材积（带皮的）；根据胸径处所量各龄阶胸径平均值即为各龄阶胸径生长量；根据各圆盘高度和各圆盘各龄阶直径值，在直角坐标上绘制树干剖面图，由图上可查得各龄阶树高值。

根据树干解析材料可得到单株木的各龄阶胸径、树高、断面积、材积的总生长量、平均生长量、连年生长量等。

（五）巴山松单株木生长过程实例

（1）据在黎坪石郎坝杨家湾（海拔 1640 米）处一株 124 年生巴山松树干解析木调查资料[16]，其生长过程如下表 8-1。

（2）据老黎坪西沟（海拔 1590 米）东向坡下部一株 27 年生巴山松树干解析木调查，其生长过程如下表 8-2。

（3）据湖北巴东县广东亚林场向家尚（海拔 1620 米）山凹处一株 24 年生天然巴山松树干解析资料[10]：其生长过程如下表 8-3。

（4）据湖北巴东县铁厂荒林场一株 24 年生人工巴山松树干解析资料[10]：其生长过程如下表 8-4。

表 8-1　巴山松（天然）解析木生长过程表

海拔：1640 米　　　　　1987 年 4 月　　　　　　　地点：黎坪林场杨家湾

年龄	胸径（厘米）			树高（米）			材积（立方米）			胸高形数*
	总生长量	连年生长量	平均生长量	总生长量	连年生长量	平均生长量	总生长量	连年生长量	平均生长量	
10	5.0	0.50	0.50	3.40	0.34	0.34	0.00519	0.00052	0.00052	0.777
20	12.0	0.70	0.60	6.90	0.35	0.35	0.03777	0.00326	0.00189	0.484
30	16.8	0.48	0.56	9.55	0.27	0.32	0.10298	0.00652	0.00343	0.486
40	22.4	0.56	0.56	12.50	0.30	0.31	0.23046	0.01275	0.00576	0.468
50	26.2	0.38	0.52	15.56	0.32	0.31	0.38389	0.01534	0.00768	0.458
60	29.5	0.33	0.49	18.65	0.30	0.31	0.58024	0.01964	0.00967	0.458
70	31.6	0.21	0.45	21.00	0.24	0.30	0.76152	0.01813	0.01088	0.462
80	33.5	0.19	0.42	23.45	0.26	0.29	0.97158	0.02101	0.01214	0.47
90	35.0	0.15	0.39	25.50	0.21	0.28	1.19419	0.02226	0.01327	0.487
100	36.4	0.14	0.36	26.95	0.15	0.27	1.41468	0.02205	0.01415	0.504
110	37.4	0.10	0.34	27.70	0.08	0.25	1.58324	0.01684	0.01439	0.524
120	38.2	0.08	0.32	28.35	0.07	0.24	1.73753	0.01543	0.01448	0.535
124	38.8	0.15	0.31	28.60	0.06	0.23	1.81985	0.02058	0.01468	0.536
124 带皮	41.0	0.70	0.33	28.60	0.06	0.23	1.97983	0.06085	0.01597	0.524

* 胸高形数系单株材积与底面积为胸高断面积，长为树高的圆柱体体积之比值。

表 8-2　巴山松（天然）解析木生长过程表

地点：黎坪西沟

年龄	胸径（厘米）			树高（米）			材积（立方米）			胸高形数
	总生长量	连年生长量	平均生长量	总生长量	连年生长量	平均生长量	总生长量	连年生长量	平均生长量	
5	0.8	0.16	0.16	1.9	0.38	0.38	0.00052	0.0001	0.0001	
10	5.1	0.86	0.51	4.6	0.54	0.46	0.00707	0.00131	0.00071	0.752
15	10.0	0.98	0.67	8.1	0.70	0.54	0.03419	0.00542	0.00228	0.537
20	14.5	0.90	0.73	10.6	0.50	0.53	0.09372	0.01191	0.00469	0.536
25	19.0	0.90	0.76	12.5	0.38	0.50	0.19105	0.01947	0.00764	0.54
27	20.8	0.90	0.77	12.9	0.20	0.48	0.23447	0.02171	0.00868	0.535
带皮 27	21.6	1.30	0.80	12.9	0.20	0.48	0.2634	0.03618	0.00976	0.557

表 8-3　巴山松（天然）树干解析木生长过程表

地点：巴东广东亚林场向家尚

年龄	胸径（厘米）			树高（米）			材积（立方米）			胸高形数
	总生长量	连年生长量	平均生长量	总生长量	连年生长量	平均生长量	总生长量	连年生长量	平均生长量	
5	0.75	0.15	0.15	1.5	0.3	0.30	0.00013	0.000026	0.000026	
10	5.8	1.01	0.58	3.78	0.46	0.38	0.00690	0.00135	0.00069	0.69
15	12.25	1.29	0.82	6.54	0.55	0.44	0.04047	0.006714	0.00270	0.52
20	16.75	0.9	0.84	9.2	0.53	0.46	0.09964	0.011834	0.004982	0.49
24	20.75	1.00	0.86	11.2	0.5	0.47	0.17985	0.0200525	0.007494	0.47
带皮 24	21.95	1.30	0.91	11.2	0.5	0.47	0.20287	0.025807	0.008453	0.48

表 8-4　巴山松（人工）树干解析木生长过程表

地点：巴东县铁厂荒林场

年龄	胸径（厘米）			树高（米）			材积（立方米）			胸高形数
	总生长量	连年生长量	平均生长量	总生长量	连年生长量	平均生长量	总生长量	连年生长量	平均生长量	
5	2.4	0.48	0.48	2.8	0.56	0.56	0.00117	0.00023	0.00023	

（续）

年龄	胸径（厘米）			树高（米）			材积（立方米）			胸高形数
	总生长量	连年生长量	平均生长量	总生长量	连年生长量	平均生长量	总生长量	连年生长量	平均生长量	
10	8.0	1.12	0.8	6.3	0.7	0.63	0.01622	0.00301	0.00162	0.51
15	11.4	0.68	0.76	8.6	0.46	0.57	0.04915	0.006586	0.00327	0.56
20	14.0	0.52	0.7	10.6	0.4	0.53	0.0887	0.00791	0.00444	0.54
24	15.4	0.35	0.64	11.72	0.28	0.49	0.11882	0.00753	0.00495	0.54
带皮24	16.9	0.73	0.7	11.72	0.28	0.49	0.13361	0.01123	0.00557	0.53

（六）巴山松生长节律

根据树干解析材料可知各龄阶胸径、树高和材积平均生长量和连年生长量数值，以比较生长快慢。同一立木连年生长量出现最大值时的年龄比平均生长量最大值时的年龄早，材积连年生长量和平均生长量相等时的年龄为数量成熟龄。由于受外界环境条件变化的影响，胸径和树高连年生长量常出现波动。

据表8-1可知该株树胸径连年生长量和平均生长量40年二者相等；树高平均生长量和连年生长量50年左右二者相等；材积连年生长量和平均生长量到124年时，二者并未相交，表明未达到数量成熟[16]。表8-2、8-3、8-4三株树年龄均在30年以下，胸径、树高和材积连年和平均生长均处于持续增长阶段，其中表8-4人工林的胸径和树高连年和平均生长量5~10年出现峰值波动，表明人工林幼龄初期生长快，之后逐渐和天然林生长趋势一致。

据报道，刘泽兵等人对黎坪林区26株巴山松解析木资料进行统计，拟合胸径、树高和单株材积回归方程式，可消除个体差异影响，探求巴山松林平均生长过程。该研究结果认为：巴山松胸径平均生长量最高值出现在28~38年，树高平均生长量高峰期出现在30~40年，因受气候因子影响，胸径和树高连年生长量出现较大的波动；巴山松数量成熟龄即材积平均生长量最大时的年龄为 109 年，表明巴山松是培育大径材的理想树种[28]。

四、林分的测定

（一）标准地面积的测定

林分局部调查方法有随机抽样和典型选取两种，把随机抽中的地段称为样地，把典型选中的地段称为标准地。前者用于总体大，调查样地多的如一、二类森林抽样调查，后者系由调查人员选择代表的地段，进行调查，省时省力，常用于作业设计调查、造林成活调查等。

为准确测定某林分的蓄积量，在选定代表林分状况的地段设置标准地。标准地形状一般为长方形、方形。用罗盘仪测角，用测尺量距（斜距改为水平距），闭合差小于 1/200。标准地面积大小应按林木株数确定，一般成、过熟林应有 100 株，中、近熟林应有 150 株，幼龄林不少于 200 株。一般标准地面积多采用 0.1 公顷。

二类调查中，要求标准地总面积应占小班面积的3%~5%[25]。

（二）平均胸径的测定

为准确求算林分蓄积量必须进行标准地内每木检尺，求算各树种平均胸径，可用优势树种平均胸径代表林分平均胸径。胸径系地际至 1.3 米高处树干直径。对标准地内起测径（为平均胸径值的 0.4 倍）以上的林木分树种逐一检尺，即用轮尺或测径尺逐株量测各株林木胸径值，平均胸径 6 厘米以下用 1 厘米径级，平均胸径6~12 厘米用 2 厘米径级，平均胸径大于 12 厘米用 4 厘米径级。分树种分径级归类记录，按中值上限排外法，如 2 厘米径级时，5.1~7.0 厘米记入 6 径级，7.1~9.0 厘米记入 8 径级等，记入每木检尺表。

根据各径级株数和总株数，并用圆面积公式求算各径级断面积和总断面积。各径级断面积之和，被总株数除得平均断面积，根据平均断面积分别求算各树种平均胸径[24]：

$$g_平 = \frac{G}{N} = \frac{g_1 n_1 + g_2 n_2 + \cdots\cdots + g_n n_n}{n_1 + n_2 + \cdots\cdots + n_n} \tag{8-6}$$

$$D = \sqrt{\frac{4g_平}{\pi}} = 1.128\sqrt{g_平} \quad （乘100可换成厘米单位）\tag{8-7}$$

式中，$g_平$ 为某树种平均断面积（平方米）；N 为某树种总株数；G 为某树种总断面积（平方米）；g_i 为某树种径级断面积（平方米）；n_i 为某树种径级株数；D 为某树种平均胸径（厘米）；π 为圆周率 3.1416。

用胸径的算术平均值直接计算平均胸径，比较简单，但较上述用断面积加权法计算结果偏小，不宜采用[24]。

在标准地调查中，每木检尺工作很简单，但很重要，容易产生较大误差，主要有：一是漏测、漏记；二是检尺部位不准、量尺倾斜、误读、误记等。应认真操作，现场复查，避免人为失误，减少误差。

（三）平均高的测定

混交林应分别树种调查各树种平均树高，用优势树种的平均高代表林分平均高。求平均高的方法如下。

1. 算术平均法

在标准地内分别树种采用选接近某平均胸径、树高正常的标准木各 3~5 株（其中优势树种应多选），测其树高，分别求各树种树高算术平均值。计算公式：

$$H = \frac{\sum h_i}{\sum n_i} \tag{8-8}$$

式中，H 为平均高；$\sum h_i$ 为所测各株树高的合计；$\sum n_i$ 为所测株数合计。

此法简便，但精度低，仅适用于同龄林（指同龄级）或其他林分的次要树种平均高的求算。

2. 树高曲线法

基层生产和科研中常用，可得某树种平均高和各径级树高值。用二元材积表法求蓄积量必须求各径级树高。方法是：用测高器量测标准地内优势树种各径级胸径值和对应的树高值，测量总株数一般不少于 20~25 株，平均胸径附近径级要多测；用算术平均法求各径级的平均高，在直角坐标上以横轴表示径级，以纵轴表示树高，将各径级树高平均数据标在坐标图上，并标记各点的株数，连接各点即成一折线，再通过或接近株数最多的点绘一条圆滑曲线，即为树高曲线，在其上可查得各径级胸径对应的树高值，其中平均胸径对应的树高即为平均高[24]。

用优势树种的平均高代表林分平均高。次要树种可选 3~5 株标准木，测其树高，求其算术平均值，作为该树种平均高。

3. 断面积加权平均法

用优势树种各径级平均高和断面积的加权平均数代表林分平均高。这种方法比较精确，主要用于科研。

$$H = \frac{h_1 g_1 + h_2 g_2 + \cdots\cdots h_n g_n}{g_1 + g_2 + \cdots\cdots g_n} \tag{8-9}$$

式中，H 为优势树种平均高；$h_1 g_1$，$h_2 g_2 \cdots\cdots h_n g_n$ 为优势树种各径级平均高和本径级断面积的乘积；g_1，$g_2 \cdots\cdots g_n$ 为优势树种各径级断面积。

次要树种可选 3~5 株标准木，测其树高，求其算术平均值，代表该树种的平均高。

（四）林分蓄积量的测定

应分树种计算各树种蓄积量，各树种蓄积量之和为林分蓄积量。复层林蓄积量等于各林层蓄积量之和。

1. 立木材积表法

（1）一元材积表法：用各胸径径级值在某树种的一元立木材积表中，可查得对应径级的单株立木材积，再乘以该径级株数，即可得该径级材积，各径级材积之和即为标准地内某树种立木总材积，各树种总材积之和为标准地总材积，再除以标准地面积，即为该林分每公顷蓄积量，这种方法简单省力，主要用资源调查，但必须有适用的一元材积表。

（2）二元材积表法：是用胸径和树高值所对应的径级和树高级在某树种二元立木材积表中，可查出各径级和对应的树高级的单株立木材积，乘以径级株数即得径级材积，各径级材积之和即为标准地某树种总材积，各树种材积之和为标准地总材积（即蓄积），再除以标准地面积即为该林分每公顷蓄积量，这是估计林分蓄积精确、简便的方法，适于科研和基层生产单位使用。

1987 年原西北林学院毛绳绪教授在黎坪林区收集 131 株样木，利用相对形率法编制的《巴山松二元立木材积表》[22]，可用于该林区巴山松林分蓄积量的求算。见表 8-5。

表8-5　巴山松二元立木材积表

（H—树高，D—胸径，V—材积）

V＼H D	4	6	8	10	12	14	16	18	20	22	24	26	28	30
4	0.0042	0.0050	0.0061	0.0072										
6	0100	0119	0141	0165	0.0189	0.0215								
8	0182	0216	0254	0295	0338	0382	0.0426							

（续）

V\H D	4	6	8	10	12	14	16	18	20	22	24	26	28	30
10	0290	0341	0401	0464	0529	0596	0664							
12		0496	0581	0671	0763	0858	0955	0. 1052						
14		0679	0794	0915	1040	1168	1298	1429						
16		0891	1040	1198	1360	1526	1693	1863	0. 2034					
18		1132	1320	1518	1722	1931	2142	2356	2569	0. 2785				
20		1402	1633	1877	2128	2383	2642	2904	3167	3432	0. 3698			
22			1979	2273	2576	2884	3196	3510	3827	4146	4467	0. 4788		
24			2358	2707	3066	3432	3801	4174	4550	4928	5307	5688	0. 6067	
26			2771	3180	3600	4027	4460	4896	5335	5776	6220	6665	7112	0. 7560
28			3217	3690	4176	4671	5171	5675	6183	6693	7205	7719	8235	8753
30			3698	4238	4795	5361	5934	6512	7093	7676	8263	8851	9442	1. 0034
32			4208	4824	5457	6100	6750	7406	8065	8728	9393	1. 0061	1. 0730	1402
34				5448	6161	6886	7619	8357	9100	9846	1. 0595	1347	2101	2857
36				6110	6909	7720	8540	9366	1. 0971	1. 1032	1870	2711	3554	4400
38				6810	7699	8602	9514	1. 0433	1357	2286	3218	4153	5090	6030
40				7548	8532	9531	1. 0540	1557	2579	3607	4637	5672	6708	7747
42				8324	9407	1. 5070	1619	2738	3864	4995	6130	7268	8409	9552
44				9138	1. 0326	1532	2750	3977	5211	6451	7694	8941	2. 0192	2. 1445
46				9990	1287	2604	3934	5274	6621	7974	9331	2. 0692	2057	3425
48				1. 0879	2291	3724	5171	6628	8093	9564	2. 1041	2521	4005	5492
50						4891	6460	8040	9628	2. 1222	2822	4427	6035	7646

注：树高值在树高级区间时的材积可用内插法求得。

2. 标准木法

其是在没有适用的材积表时使用，但易偏高。

（1）平均标准木法：在标准地每木检尺后，可求算出各树种平均胸径、平均高、总断面积；先求优势树种蓄积量，方法是：

选胸径和树高均接近优势树种平均胸径和平均高、干形中等状态的代表该树种的标准木3~5株，按前(8-3式)求单株立木材积的方法，可得各株标准木单株材积和标准木总材积；根据断面积和蓄积量成比例的关系，推算标准地总蓄积量，即标准地优势树种总断面积与标准木总断面积之比，再乘以标准木总材积量，等于标准地优势树种总蓄积量。计算公式为：

$$M = \frac{G}{\sum g} \sum V \qquad (8-10)$$

式中，M 为标准地内优势树种总蓄积量(立方米)；G 为标准地内优势树种胸高总断面积(平方米)；$\sum g$ 为优势树种标准木胸高断面积之和(平方米)；$\sum V$ 为优势树种标准木材积之和(立方米)。

次要树种材积可利用某树种断面积和其平均高，用平均实验形数法(见8-11式)求算。各树种材积之和为标准地总材积(蓄积量)，再除以标准地面积即为该林分每公顷蓄积量。

上述平均标准木法简单省力，但只适用于同龄林。其精度和所选标准木的接近程度和标准木的数量相关。

如何判断是否为同龄林呢？外观上看，一般没有受到明显破坏的阳性树种(如巴山松)的天然林和人工林可视为同龄林。

(2)径级(或径级组)平均标准木法：主要用于异龄林。应分别树种求算材积。在标准地每木检尺后，在优势树种中，每个径级中选1~3株平均状态的标准木(中间径级多选)，或将各径级划分3~5个径级组，每个径级组选1~3株代表本径级组平均状态的标准木(中间径级组应多选)，利用前文中关于求算立木单株材积的方法，求出各径级(或组)优势树种标准木的单株材积。用标准地优势树种总断面积与优势树种标准木断面积(或之和)之比，乘以优势树种标准木材积（或之和）可得标准地优势树种总材积。计算公式同上（8-10 式）。

次要树种蓄积量可利用该树种断面积和平均高，采用平均实验形数法（见 8-11 式）求得。各树种材积之和即为标准地总蓄积量，再除以标准地面积即为该林分每公顷蓄积量。

3. 平均实验形数法

在不测设标准地时，用角规绕测法得各树种每公顷断面积，乘某树种平均高加 3，再乘以平均实验形数，即可得该处某树种每公顷林分蓄积量，计算公式为：

$$M = G(H + 3)f \qquad (8\text{-}11)$$

式中，M 为每公顷蓄积量（立方米）；G 为每公顷某树种断面积（平方米）；H 为某树种平均高（米）；f 为平均实验形数（针叶树等于 0.42，阔叶树等于 0.40）。

分树种计算各树种材积，各树种材积之和即为每公顷林分蓄积量。

角规绕测方法：通常用尺长 50 厘米，一端钉缺口宽 1 厘米金属片，另一端紧贴眼皮，用缺口对准每株树胸径部位绕测，缺口小于胸径计一株，等于胸径（相切）算半株，大于胸径不计，绕测一周所计株数等于每公顷林木胸高断面积数。各测点分树种统计绕测株数，各测点绕测总株数除以测点数即为每公顷平均断面积。分树种计算蓄积量。

为提高角规绕测的准确性，一是要选代表林分状况的点测，每公顷一般 3 个测点，林木分布不均匀应增加测点，各点绕测的株数分树种进行平均；二是操作要认真，正、反向绕测两次对照，防止重测、漏测；视线必须对准胸高处；保持原测点和被测树距离不变，遇相切难判断时，用该树到测点距离为该树胸径 50 倍来校核，等于计半株，大于则不计，小于则记一株；三是应进行坡度改正，即坡度大时绕测株数应乘以坡度改正系数，改正系数等于坡度的正割值（如坡度 25°～30° 时，改正系数为 1.1～1.15）[24]。

（五）林分生长量的测定

林分生长与单株树木生长不同。单株活立木的材积随年龄总是增加的，但林分蓄积量随年龄增大而增长的同时，因部分林木自然死亡或人为砍伐，蓄积量出现减少。进入衰老阶段，年生长量下降，甚至出现负增长，即减少的蓄积量比增长的多；另外，林分生长的有效空间应随年龄增加而增加，但因实际株数未能及时减少，生长减慢，材积连年长高峰期的年龄比单株木提前；加上个体存在差异，所以用单株木生长过程代替林分生长过程是不恰当的。

测定林分生长量，如同农业上的预测产量，对森林经营管理有重要意义，它是判断营林效果、林地生产能力及确定年伐量和主伐年龄的重要依据。现实林分总蓄积量即林分蓄积总生长量，通过前述林分蓄积量调查可测得。本处林分生长量指林分蓄积定期生长量和平均生长量，其测定方法主要如下。

1. 固定标准地复测法[24]

建立固定标准地，每隔一定年限（5 或 10 年）复测一次，根据前后两次观测蓄积量之差，即为标准地定期蓄积总（粗）生长量和净生长量，再除以相隔年数即可得此期标准地年平均总（粗）生长量和净生长量，计算式为：

$$定期平均净生长量 \ z = \frac{m_2 - m_1}{n} \qquad (8\text{-}12)$$

$$定期平均粗生长量 \ z = \frac{m_2 - m_1 + m_3}{n} \qquad (8\text{-}13)$$

式中，m_1 为前次蓄积量（立方米）；m_2 为后次蓄积量（立方米）；m_3为间隔期内的枯损量和采伐量（立方米）；n为间隔年数。

采取固定标准地复测法是测定某期间林分蓄积生长量最直观的方法，还能得到自然枯损量，但需要等待数年。据作者经验：固定标准地测设应当要求严格，如前后两次调查范围固定、检尺径部位不变、测高树不变、调查方法不变、材积计算方法不变等。以便把调查误差降到最低限度。当观测间隔时间短，林分蓄积生长量很少时，避免因调查误差大，干扰结果。

2. 标准木推算法[24]

测设临时标准地，可一次测定林分蓄积平均生长量，但只适于同龄林。先在标准地优势树种中选 3~5 株平均标准木，伐倒后，查数年龄，并按区分求积法测定各株树木的单株材积和平均生长量（即单株树的总材积除以年龄）见前（8-5 式）。根据断面积和蓄积量成比例的关系，可求出标准地内林分蓄积平均生长量，即标准地优势树种蓄积平均生长量，等于标准地该树种胸高总断面积与标准木胸高总断面积之比，乘以标准木材积平均生长量之和得，计算公式为：

$$Z = \frac{G \sum z_g}{\sum g} \qquad (8\text{-}14)$$

式中，Z 为标准地内优势树种蓄积平均生长量（立方米/年）；G 标准地内优势树种胸高总断面积（平方米）；$\sum z_g$ 为各株优势树种标准木材积平均生长量之和（立方米/年）；$\sum g$ 为优势树种标准木胸高断面积合计值（平方米）。

次要树种的平均生长量测算方法同上，标准木数量可适当减少。标准地各树种平均生长量之和即为标准地林分蓄积平均生长量，再除以标准地面积等于该林分每公顷蓄积平均生长量。

五、巴山松主要林分生产水平实例

例 1　据在镇巴县与西乡县交界处调查：海拔 1700 米，山脊部位，石灰岩山地。土层厚度 10~30 厘米，基岩裸露 20%~30%，土壤含石量 20%~40%，巴山松 9 成，混生刺叶栎、小叶栎、刺柏、鹅耳枥等，疏密度 0.5，林分平均高 13 米，林龄 120 年，胸径 30 厘米，每公顷蓄积 120 立方米[11]。

例 2　据在黎坪石郎坝 70 林班，位于山地下部，西向坡，海拔 1520 米处 1 块标准地调查：土层厚度中等，树种组成为 6 巴 4 华，巴山松 30 年，郁闭度 0.6，平均高 12 米，平均胸径 13 厘米，每公顷株数 1334 株，蓄积量 110 立方米。

例 3　据黎坪石郎坝 25 林班，东南坡中部，海拔 1690 米处 1 块标准地调查：土层厚度中等，林分组成为 6 巴 3 华 1 栎，林龄 40 年，郁闭度 0.4，平均高 12.8 米，平均胸径 20 厘米，每公顷株数 817 株，蓄积量 99 立方米。

例 4　据在黎坪石郎坝 94 林班，位于东南坡下部，海拔 1540 米处标准地调查：土层厚度中等，树种组成为 7 巴 3 华，林分郁闭度 0.6，巴山松 30 年，平均高 13 米，平均胸径 14 厘米，每公顷株数 934 株，蓄积量 100 立方米。

例 5　据在黎坪石郎坝 82 林班，海拔 1560 米，位于东南坡下部，坡度 16°处的 1 块标准地调查：树种组成 9 巴 1 华，林龄 30 年，郁闭度 0.5，平均高 11.5 米，平均直径 11 厘米，每公顷株数 1266 株，蓄积量 70 立方米。

例 6　据在黎坪石郎坝油房沟口一块标准地调查：海拔 1520 米，西北向坡下部，土层深厚，树种组成 9 巴 1 华，郁闭度 0.8，巴山松年龄 60 年，林分平均高 21.7 米，平均胸径 22.7 厘米，每公顷株数 815 株，蓄积量 344 立方米。

例 7 据在黎坪石郎坝 1 块标准地调查：海拔 1650 米，东向缓坡中部，土层深厚，树种组成为 9 巴 1 华 1 栎，林龄 40 年，郁闭度 1.0，平均胸径 13.8 厘米，平均高 14 米，每公顷 1830 株，蓄积量 214 立方米。

例 8 据在黎坪石郎坝 47 林班 1 块标准地调查：位于山坡上部，西向坡，海拔 1652 米，土层厚度中等，树种组成为：7 巴 2 栎 1 华，郁闭度 0.7，林龄 70 年，平均胸径 28 厘米，平均高 15.5 米，每公顷株数 1178 株，蓄积量 249 立方米。

例 9 据在黎坪石郎坝管护站北边海拔 1500 米处，位于山坡下部的 1 块标准地调查：海拔 1500 米，坡向东北，土层深厚，树种组成为 9 巴 1 杂，林龄 130 年，郁闭度 0.6，平均树高 25 米，平均胸径 40.5 厘米，每公顷株数 230 株，蓄积量 276 立方米。

例 10 据在黎坪石郎坝苍坝 1 块标准地调查：海拔 1500 米，山坡下部，坡向东北，土层深厚，树种组成为 9 巴 1 杂，林龄 130 年，郁闭度 0.8，平均胸径 43.4 厘米，平均树高 26.5 米，每公顷株数 305 株，蓄积量 435 立方米。

从上可看出，各类型巴山松林分，每公顷蓄积量有较大差异，即是林分类型相同，因株数密度和年龄等不同，每公顷蓄积量不同；同时可知部分巴山松林地产量是较高的，如上例 10，每公顷蓄积量高达 435 立方米，经济效益是很可观的。

六、森林生物量的测定

（一）森林生物量综述

生物量的研究始于 1876 年，德国 Ehemeryer 进行几种树种树枝、落叶量和木材重量的测定，后来 Kittrerdge 利用叶量和胸径的关系拟合了预测白松等树种的对数回归方程。我国潘维寿从 20 世纪 70 年代开始对杉木人工林生物量的研究，冯炜等总结了我国不同森林类型生物量分布格局[26]；2010 年中国科学院院士唐守正团队解决了各维量模型间不相容等问题，使总量和树干生物量相对误差控制在正负 5% 以内，得出我国森林植被生物总量为 157.7 亿吨的结论，向世人公布[29]。

森林生物量的研究是森林生态系统结构和功能的基础工作，它是用重量表达森林生长量，是传统的用测量树干体积（蓄积量）的方法表达森林生长量方法的完善和发展。由于不同区域、不同类型、不同经营措施森林生物量不同，森林生态系统功能和利用价值不同。用森林资源数据，以生物量与蓄积量间的关系模型为基础，可提供森林生态系统功能（如林业碳汇）和森林经营效果的评价依据。

森林生物量通常采用直接收获法，即选不同类型（年龄、立地条件、密度、树种等）林分标准地，选伐标准木，对标准木树干、树枝、树叶、根系等分层分级称重，同时在标准地内设样方测林下灌木、地被物生物量[26]。

（二）巴山松天然林生物量和生产力的研究

据肖瑜研究报道[27]：曾在南郑县黎坪林场巴山松林中选设标准地 14 个，每个 300~600 平方米，林龄 28~37 年，平均胸径 9.4 厘米，平均高 9.7 米，伴生树种有：华山松、漆树、锐齿栎。选伐各径级标准木 78 株，采用树干解析法，测定各龄阶树干材积，用相对生长法求算乔木层各龄级生物量；树干、树枝年生产量采用解析法，树根年生产量利用建立树根生物量相对生长关系估算，树枝年生产量是枝生物量被枝平均年龄除得，叶年生产量根据叶生存年限计算，用叶平均寿命去除叶生物量得叶年生产量；对枝、叶按年龄称重；根系采用全挖法，按粗细分级、段称重；各标准地内设 2 米×2 米 5 个样地，全割灌木，分别求枝叶根生物量等。在 85℃烘箱内烘干，求含水率，推算各类别、各部分干重。

该研究结果表明：巴山松林分乔木层生物量最高达 132.25 吨/公顷，平均为 81.28 吨/公顷（其中树干占 53.4%，树皮占 9.7%，树枝占 14.3%，树叶占 6.2%，树根占 16.4%）；现阶段林分年初级生产量最高达 12.14 吨/公顷·年，平均为 6.94 吨/公顷·年（其中树干占 27.8%，树叶占 45.4%，树枝占 13%，树根占 8.8%，树皮占 5%）；草本下木层枝叶根生物量为 1.45 吨/公顷（其中下木占 74%，草本占 26%）；凋落物生物量为 11.16 吨/公顷；透光系数 0.72，平均消光系数为 0.33，叶面积指数平均为 6.46；叶平均寿命 1.6 年，最长 4 年，1、2、3、4 龄叶重分别占叶总重 49.8%、37.8%、11.5%、和 0.9%；树根总长度为 99.4 千米/公顷，其中：直径 0.5 厘米及其以下的细根占根总长的 58%，占根总生物量的 1.7%，直径 0.6 厘米及其以上的侧根占总长度的 40.6%，占根总生物量的 46.6%，主根占根总长的 1.4%，占根总生物量的 51.7%；巴山松树根总长度比林分的一级轮生枝总长度 138.1 千米/公顷要短 38.7 千米/公顷。巴山松主干生物量占总生物量比例高于油松、华山松，反映巴山松出材率高，是优良的用材树种[27]。

第九章　立地质量的评定

一、一般概念

立地质量是指林地上生长林木的能力。同一树种在不同立地条件下生产力不同，不同树种在同一立地条件下生产力不同。立地质量等级反映了某树种在该林地上的适宜程度和生产能力。

立地条件指林木生长地段的各种环境条件，有海拔、坡向、坡位、坡度、土壤状况（土壤种类、土层厚度、质地、湿度、含石量等）、植被状况（种类、密度等），常以其中对林木生长起主导作用的环境因子作为评定无林地质量的主要指标。把主导因子相同或相似的地段划为一个类型，称为立地条件类型。在造林规划设计中，对宜林的无林地，需划分立地条件类型，选择不同造林树种，采取不同经营措施。

在森林资源调查、森林经营规划和作业设计中对有林地要根据地位级表或地位指数表确定有林地质量等级，以便进行产量预估，确定经营措施。

二、地位级表和地位指数表

地位级表是查定有林地立地质量等级的数表。陕西等省、区森林调查中暂使用前苏联实生和萌生林地位级表，各为七级，用林分优势树种的平均高和平均年龄在地位级表中查定。针叶树查实生地位级表，阔叶树查萌生林地位级表[25]。

地位指数表是20世纪70年代由国外引进的，并陆续推广。已见我国各大林区油松、杉木、马尾松、山杨、刺槐等树种地位指数表。它是用林分优势木平均高和林分年龄在地位指数表中查定有林地立地质量等级。因林分优势木高比平均木高稳定，基本不受抚育间伐(下层抚育伐)的影响，加上分树种、地域编制，更接近生产实际，用它评定林地质量比地位级表精确、直观。利用地位指数表，配合林分密度图(表)可以指导抚育间伐、预测林地生产力，用于造林、森林抚育规划设计。

地位指数表是用林分优势木平均高和林龄的相关性编制的，以优势木平均高绝对值表示。地位指数可定义为：林分优势木在标准年龄时达到的树高值。它能给人以概括、直观的数量概念，测定简单，使用方便，近几十年来，被一些先进的林业国家采用，但主要用于同龄纯林(指优势树种占七成以上的同龄级林分)。

优势木高如何确定？在编制地位指数表中，英国规定：每公顷选测100株(即按每100平方米测1株)最高树(优势木)的树高算术平均值作为优势木高，这已被世界公认，称为全林优势高法；在使用地位指数表中，同一面积上测定株数越多，优势高平均值会偏低。测定株数相同，选最粗树(径选法)较选最高树(高选法)省力方便，但结果稍低。同时与林分均匀程度有关。据作者经验：林分均匀，所测株数可适当减少，用径选法可以保证精度要求。

三、黎坪巴山松地位指数表的编制和应用

作者利用在黎坪林区收集的84块巴山松林分标准地中，选择324株优势木树高和年龄(包括不同立地条件、年龄25~60年)实

测材料，选择适宜的数学表达式，模拟林分优势木树高生长过程曲线式为：

$$H = 12.6\log A - 5.1 \qquad (9\text{-}1)$$

式中，H 为平均优势木高；$\log A$ 为优势木年龄的对数值。

确定巴山松标准年龄为 30 年，划分 5 个等级，编制出黎坪巴山松地位指数表。见附表 9-1。

表 9-1 巴山松地位指数表 单位：米

龄阶	地位指数（30 年时优势木高）				
	6	8	10	12	14
25	4.8~6.8	6.9~8.7	8.8~10.6	10.7~12.5	12.6~14.5
30	5.0~7.0	7.1~9.0	9.1~11.0	11.1~13.0	13.1~15.0
35	5.5~7.7	7.8~9.9	10.0~11.1	11.2~14.3	14.4~16.5
40	5.9~8.1	8.2~10.4	10.5~12.7	12.8~15.1	15.2~17.5
45	6.1~8.5	8.6~10.9	11.0~13.2	13.3~15.7	15.8~18.1
50	6.3~8.8	8.9~11.2	11.3~13.7	13.8~16.2	16.3~18.9
55	6.6~9.1	9.2~11.6	11.7~14.7	14.3~16.8	16.9~19.4
60	6.8~9.2	9.3~11.9	12.0~14.6	14.7~17.3	17.4~19.9

注：$H = 12.6\log A - 5.1$，$r = 0.99$。

该表适于黎坪林区，邻近林区可参考。利用该表根据某巴山松林分优势木平均高和林龄可查定该巴山松林地位指数级，预估未来林分优势木树高生长。反过来可利用已知某林地地位指数级和林分优势木树高可估计林分年龄。若以后编制了巴山松林分密度图，可配合该图进行抚育间伐设计，用于预测林分生长。

57

第十章 良种繁育

一、林木良种繁育工作的意义

林木生长快慢决定于树种遗传特性，同时与立他环境条件密切相关。同一树种，在相同立地条件下，生长快、品质好的种子称为良种。使用良种造林，在不增加劳力、肥料投入的情况下，可获得事半功倍的经济收益。据报道：一般用母树林种子造林遗传增益为 5%～10%，用无性系种子园种子造林遗传增益 17%～22%，用二代种子园种子造林增益达 33%。选择和利用树种内存在的遗传变异，生产和推广良种，是提高林地生产率的重要途径。由于林木良种选育生产周期长，前期投入大，要取得成效，必须长期坚持，才能奏效。

世界上林业先进的国家，非常重视林木良种的繁育，并广泛采用良种造林，收到显著效益。我国 20 世纪 70 年代开始建立油松、杉木、云南松等树种的种子园和母树林，摸索了一定经验。黎坪林场 20 世纪 90 年代在国家林业局和陕西省林业厅的重视和支持下，开展了巴山松种子园和母树林营建工作，现介绍如下。

二、黎坪林场巴山松种子园的营建

为建立种子园，首先要在优良林分中选择达到一定标准的优良单株即优树，又称正号树。优树的优良性状属表现型的，但高于群体平均水平。用优树建立的无性系种子园经过多次子代选

58

择，可以获得具有优良遗传性状的优良品种。

黎坪林场先后采收 47 株优树球果计 26 千克，用其种子育优树子代苗 4095 株，营建实生种子园（初级）3.3 公顷；同时，共采集 64 株优树枝条嫁接成活 1935 株无性系苗，营建无性系种子园 4.5 公顷，上述共计营建种子园 7.8 公顷。

（一）优树选择的方法和标准

参考油松优良单株选择方法和技术标准，1993 年在黎坪林区选择巴山松优树 67 株。详见表 10-1 巴山松优树一览表。

表 10-1　巴山松优树一览表

序号	优树号	年龄	胸径（厘米）		树高（米）		材积（立方米）		中央直径（厘米）	年均胸径（厘米）	年均树高（米）	胸高形数
			值	为对比木%	值	为对比木%	值	为对比木%				
1	01	37	28.6	117	19.0	116	0.5274	158	18.8	0.77	0.51	0.43
2	02	37	20.0	115	11.4	106	0.1608	153	13.4	0.54	0.31	0.45
3	03	38	22.9	132	15.8	119	0.3544	200	16.9	0.60	0.42	0.54
4	04	45	23.5	134	13.9	103	0.3577	197	18.1	0.52	0.31	0.59
5	05	49	31.8	120	17.0	109	0.5557	134	20.4	0.65	0.35	0.41
6	10	38	19.1	119	13.8	108	0.2537	198	15.3	0.50	0.36	0.65
7	11	30	18.1	121	10.1	111	0.1279	151	12.7	0.60	0.34	0.49
8	12	43	20.4	113	14.4	114	0.2313	132	14.3	0.47	0.33	0.49
9	13	36	22.6	126	13.0	106	0.2485	143	15.6	0.63	0.36	0.48
10	14	36	21.3	114	13.8	117	0.2740	183	15.9	0.59	0.38	0.56
11	15	58	35.0	141	20.3	107	1.0045	204	25.1	0.60	0.35	0.51
12	16	52	29.6	125	19.8	106	0.8588	195	23.5	0.57	0.38	0.64
13	17	48	26.1	124	15.3	100	0.3807	122	17.8	0.54	0.32	0.47
14	18	44	29.6	128	18.6	108	0.6440	177	21.0	0.67	0.42	0.50
15	19	42	29.2	117	15.2	105	0.5416	160	21.3	0.69	0.36	0.53
16	20	46	29.0	127	16.7	110	0.6120	188	21.6	0.63	0.36	0.55
17	21	47	29.9	133	16.8	102	0.4516	124	18.5	0.64	0.36	0.38
18	22	50	25.6	113	16.8	101	0.4323	144	18.1	0.51	0.34	0.50

（续）

序号	优树号	年龄	胸径（厘米）		树高（米）		材积（立方米）		中央直径（厘米）	年均胸径（厘米）	年均树高（米）	胸高形数
			值	为对比木%	值	为对比木%	值	为对比木%				
19	23	41	29.0	118	17.0	107	0.5721	157	20.7	0.71	0.41	0.51
20	24	43	28.3	123	17.2	102	0.5957	148	21.0	0.66	0.40	0.55
21	27	45	29.0	146	17.3	116	0.6049	246	21.1	0.64	0.38	0.59
22	31	46	32.5	139	17.9	103	0.6991	163	22.3	0.71	0.39	0.47
23	33	36	23.9	137	16.4	119	0.3507	204	16.5	0.66	0.46	0.48
24	34	42	30.9	131	19.7	109	0.6439	163	20.4	0.74	0.47	0.44
25	35	44	29.8	128	17.3	104	0.5822	181	20.7	0.68	0.39	0.48
26	36	40	31.5	130	13.8	104	0.5684	207	22.9	0.79	0.35	0.53
27	37	40	31.8	120	14.5	101	0.6505	169	23.9	0.80	0.36	0.56
28	38	45	30.2	118	14.9	102	0.5309	132	21.3	0.67	0.33	0.50
29	39	38	32.5	132	13.2	103	0.5156	198	22.3	0.86	0.35	0.47
30	40	45	29.6	128	14.8	106	0.5626	185	22.0	0.66	0.33	0.55
31	41	41	22.9	116	12.6	101	0.2694	122	16.5	0.56	0.31	0.52
32	42	38	22.9	162	13.8	106	0.2310	231	14.6	0.60	0.36	0.41
33	43	40	29.6	113	17.1	110	0.6093	136	21.3	0.74	0.43	0.52
34	44	44	31.2	126	16.7	101	0.6878	178	22.9	0.71	0.38	0.54
35	45	43	32.0	127	16.8	111	0.6562	155	22.3	0.74	0.39	0.40
36	46	40	24.5	133	11.3	114	0.1997	164	15.0	0.61	0.28	0.37
37	47	42	34.7	130	16.0	102	0.5385	166	20.7	0.83	0.38	0.36
38	48	43	34.7	126	16.0	104	0.6082	131	22.0	0.81	0.37	0.40
39	49	44	28.2	135	17.6	107	0.4378	157	17.8	0.64	0.40	0.40
40	50	43	26.4	115	16.9	116	0.4543	178	18.5	0.61	0.39	0.49
41	51	46	34.7	125	16.4	105	0.7543	192	24.2	0.75	0.36	0.49
42	52	48	31.5	124	18.1	116	0.9244	247	25.5	0.66	0.38	0.66
43	53	44	32.8	119	15.3	100	0.6138	188	22.6	0.74	0.35	0.47
44	54	46	31.0	128	17.7	110	0.6913	228	22.3	0.67	0.38	0.57

（续）

序号	优树号	年龄	胸径（厘米）		树高（米）		材积（立方米）		中央直径（厘米）	年均胸径厘米	年均树高（米）	胸高形数
			值	为对比木%	值	为对比木%	值	为对比木%				
45	55	46	31.5	120	17.7	120	0.6913	241	22.3	0.68	0.38	0.50
46	56	50	32.8	127	18.6	110	0.7461	173	22.6	0.66	0.37	0.47
47	57	47	28.7	112	16.5	128	0.5715	184	21.0	0.61	0.35	0.54
48	58	46	36.1	115	20.9	111	1.1182	161	26.1	0.78	0.45	0.52
49	59	41	29.6	116	15.6	103	0.4755	134	19.7	0.72	0.38	0.43
50	60	41	30.2	132	16.0	109	0.6418	223	22.6	0.74	0.39	0.56
51	61	41	29.5	119	14.0	112	0.4712	146	20.7	0.72	0.34	0.49
52	62	43	33.0	128	16.1	103	0.7590	172	24.5	0.77	0.37	0.55
53	63	46	37.9	116	16。8	110	0.9477	142	26.8	0.82	0.36	0.50
54	64	39	35.2	129	15.3	106	0.5679	194	22.3	0.90	0.39	0.40
55	65	43	38.8	146	17.3	113	0.7313	172	23.2	0.90	0.40	0.36
56	66	39	26.1	123	15.5	110	0.5523	237	21.3	0.67	0.40	0.68
57	71	47	29.4	119	15.3	103	0.4524	145	19.4	0.62	0.32	0.44
58	72	52	28.6	118	15.5	111	0.5679	183	21.6	0.55	0.30	0.56
59	73	40	22.2	113	14.0	102	0.2676	125	15.6	0.56	0.35	0.49
60	75	41	22.6	130	15.8	111	0.2904	152	15.3	0.55	0.38	0.46
61	78	42	34.4	142	17.3	105	0.6338	156	21.6	0.82	0.39	0.39
62	79	47	30.6	147	16.6	112	0.5215	192	20.0	0.65	0.35	0.43
63	81	44	30.1	115	13.8	104	0.4644	132	20.7	0.68	0.31	0.47
64	82	42	30.9	123	14.7	100	0.6214	162	23.2	0.74	0.35	0.56
65	83	44	30.9	140	16.5	103	0.6975	214	23.2	0.70	0.38	0.56
66	84	44	33.1	138	15.7	104	0.7221	216	24.2	0.75	0.36	0.53
67	85	44	33.3	113	16.9	111	0.6961	130	22.9	0.76	0.38	0.47
合计		2892	1971.9		1070.4		36.8077		1370.4	45.32	24.79	33.18
平均		43.1	29.4		16.0		0.5494		20.5	0.68	0.37	0.495

巴山松优良单株是在优良林分中选择。优良林分的标准为：巴山松组成占 7 成以上，林相整齐，未受破坏，林龄 30～60 年的同龄林，疏密度 0.5～0.8，林木生长健壮，不能在林缘选择。

采用 3 株优势木对比法。在选定的优良林分中选 4 株优势木，其中 1 株最大的为后选优树，另 3 株为对比木，这 4 株优势木必须在半径 10 米的范围内，用生长锥在地际处钻取木芯，准确查定后选优树和各对比木年龄，后选优树年龄和各株对比木年龄相差不能超过 10 年，相差 10 年之内时，采用年平均生长量法，将各株对比木树高、胸径、材积值订正为与优树年龄相同的值。采用爬树法实测树高和 1/2 树高处围径，换算为直径（中央直径），并测胸径 1.3 米处胸径值。材积按中央断面积法（中央断面积乘树高得）求算。经过初选、复选和精选，最后确定。现场填写优树卡片，记载立地环境和有关数据，现地对优树、对比木用油漆编号标记。

优树标准：优树胸径值等于或大于 3 株对比木胸径均值的110%；优树材积等于或大于对比木材积均值的120%；优树树高值不低于 3 株对比木树高的平均值。

（二）种子园的规划设计

（1）园址选择：一是交通方便，便于经营；二是地势平缓、开阔，光照充足的阳坡或半阳坡；三是无外来巴山松花粉侵染，必要时营造阔叶林带隔离。本种子园选择在林场黄洋河工区华山松林采伐迹地，南向坡，坡度 10°～20°，土层深厚，附近无巴山松成片林和散生巴山松植株。

（2）区划、整地和绘制点位图：用罗盘仪测量，绘制比例尺为万分之一的平面图，以山脊、沟谷为界，区划为小区。逐小区沿等高线进行带状整地，整地宽度 1 米，带间距 5 米，植苗点间距4米，从下到上为列，由左到右为行，将每个种栽植点列、行顺序编号，现地钉号桩，并标注在图上，绘制现地和图上一致的点位图。

（3）无性系或家系配置：在点位图上，安排各无性系嫁接苗或家系实生苗配植图，前者为无性系种子园，后者为实生种子园。均按照随机原则，配置无性系或家系苗，避免相同无性系或家系相邻，若出现同号在行或株间相邻时，即调整为下一个号。将配置号标在点位图上，称为配置图。同一个点在图上和现地有点位号有对应的配置号。

（三）建园苗木的准备

（1）嫁接苗：采用巴山松三年生健壮苗为砧木，用优树枝条为接穗，前一年春季在苗圃地嫁接。接穗采自优树，尽量采取优树树冠上部枝稍顶端一年生枝，随即分株编号包扎，浸入清水中保鲜（露出顶芽），尽快嫁接。嫁接一年后出圃。从采优树穗条到嫁接、出圃，要株株苗编号挂牌，确保无性系（每株优树为1个号）编号准确。带土球起苗，未嫁接苗、未接活苗、无号苗为废苗，及时淘汰。

（2）家系实生苗：由优树上采集成熟球果，分优树装袋编号；分株晾晒脱粒、储藏；分优树，分床育苗。苗木管理如常，2年出圃，1级苗为合格苗。出圃时带土球起苗，每株出圃苗均挂有原优树号的号牌，无号苗为废苗，及时淘汰。

（四）嫁接方法

在3~4月中旬，采用髓心形成层对接法。嫁接过程如下：

（1）取接芽：剪取7~10厘米接穗上带顶芽枝稍，除留顶芽下10束左右针叶外，其余全部摘除，在顶芽下最后一束针叶处用利刀（医用手术刀）斜向下，深至枝条髓心直切长7~8厘米，斜削取下接芽，含在口里。

（2）削砧木：在 3 年生巴山松苗圃地内，选取健壮苗木为砧木，拔去砧木顶芽下与接穗粗细相当处的针叶，斜向下入刀，深至髓心，向下直切（与接穗切口长度相当），再由外向内斜切，去掉切片。

（3）对接绑扎：将削好的接芽片，顶芽向上，贴在砧木削面上，使接穗和砧木髓心形成层对齐，再用 1 厘米宽的塑料带由下而上一环压一环，缠绕至顶芽下，套扣拉紧。嫁接工作要认真细致，从削切、对层、绑扎各环节不能马虎，刀口要光滑平直，动作要快，减少削面在空气中暴露的时间，绑扎要紧，伤口密封，坚持质量第一。每天每人一般可嫁接 100～200 株，成活率为 50%～90%。

嫁接后的管理：接后管理工作至关重要，一般嫁接 1 月后，接穗萌动发芽，表明已经成活的，可及时剪去砧木主梢，以促进接芽成活和生长。另外，要适时解绑，一般应在当年秋季进行，过早可能出现伤口开裂，另外解塑料带时，避免用利刀深割塑料带，以免损伤苗木。

（五）种子园定植

（1）挖穴整地：按点位图要求的行、列设计的栽植点位置挖穴，该号与设计图点位号一致。穴面规格 50 厘米 ×50 厘米 ×40 厘米。

（2）按配置图要求，对号入座。在配置图上查出每个栽植点的配置号，将需要的苗木运至应栽位置。

（3）定植：确保现地栽植的无性系苗（或家系实生苗）号与配置图上配置苗号一致。为确保成活，做到春季进行带土球栽苗，天旱时应适量浇水。

（4）栽后管理：当年秋季检查成活率，若出现死亡的，在配置图上及时消去该号；若次年补植，在配置图上更换为新植无性系（或家系实生苗）苗号。新造幼林要专人管护，防止破坏；每年松土除草 2~3 次，连续 3 年。

（六）种子园的经营管理

建立种子园是为了获得大量优良种子，促进结实是种子园经营的主要目的。针对种子园实际情况，除按时采收种子外，围绕促进开花结实，采取的经营措施主要如下。

（1）及时砍除园内杂灌木，以便入林经营。

（2）适当疏伐：淘汰生长不良、结实差的植株，使保留株数由原来每亩 33 株，降至 20 株左右，改善林内光照条件，促进母树的树冠发育，促进结实。砍除木要在原配置图上注明，并绘制种子园保留植株位置图，对保留木挂牌，标明原优树号。

（3）开展人工辅助授粉。据河北省林业科学研究所在油松种子园的辅助授粉试验表明：可提高种子产量 14%~33%[9]。

（4）进行树体管理：及时截断母树顶稍，使树冠高度一般不超过 6 米；疏去过密的侧枝，避免枝条交叉，侧枝分布均匀，形成合理骨架。

（5）进行土壤管理：树冠下松土、除草、施肥，改善土壤营养条件。

（七）种子园进一步的工作

（1）进行子代测定：对所建实生种子园逐株进行各项指标的测定，与原优树进行对比；收集无性系种子园种子，分株单采、分株育苗造林，进行子代苗生长量分析，评定优树质量，选育新品种。

（2）利用子代苗营造二代种子园或母树林。

（3）加强对优树的保护：原选定的优树是珍贵的基因资源，要长期保护。应定期进行全面检查，刷新标记，以利于保护。

三、母树林的营建

母树林是以采收种子为主要目的的林分，多采用选择现有优良林分疏伐改建，也可选用优良种子育的苗木营造。改建母树林投资少，见效快，可以满足近期对林木种子的需要。黎坪林场曾在 20 世纪 90 年代建巴山松母树林 205 公顷，其中改建天然林 155 公顷，营造人工母树林 50 公顷。

（一）优良林分和优良母树的选择

改建母树林应选择优良林分。优良林分的标准：树种组成以巴山松为优势，生长健壮，向阳坡向，地势较平缓，林龄应以中、幼龄林为好，密度较稀，林中优良母树应占足够比例。优良母树的标准：生长旺盛，树高和胸径值大于林分平均值，树干圆满通直，树冠发达，活枝下高比较低，能正常结实。

（二）母树林的疏伐

为使优良母树均匀分布，要分几次疏伐，砍去过密的生长不良木，每次疏伐使林分郁闭度降低 0.2~0.3，最后保留郁闭度 0.4~0.5，保持树冠间距 2 米左右，改善光照条件，促进林木结实。

第十一章　巴山松和油松地理种源对比试验

一、试验方法

为比较巴山松和外地油松种源在巴山地区造林的效果，1987年南郑县碑坝林场李升洲采用当地产的巴山松种子和3个产地（包括陕北黄龙、山西太原和辽宁建平）油松种子，在本场天平河69林班（该处系米仓山中段北坡，海拔1700米）山地育苗，1989年春就地分树种、种源造林共1.7公顷，各试验小区立地条件基本一致。

二、结果与分析

据2000年秋季调查，幼林生长情况如下。见表11-1。

从表11-1中可看出：陕北油松、山西油松、辽宁油松其平均胸径、平均高、平均单株材积分别为巴山松的90.5%、87.7%、81.5%和89.3%、73.2%、66.3%及77.0%、64.3%、51.8%。

另外，据秋季对巴山松和3地油松种源1~3年生枝的针叶束进行调查统计：①一年生枝上辽宁油松枯黄叶束占总叶束数的10.9%，其余均无枯黄叶，全为绿叶束；②二年生枝上枯黄叶束占总叶束数的比例分别为：巴山松占26.8%，陕北油松占46.3%，山西油松占63.3%，辽宁油松为88.9%；③三年生枝上仅巴山松尚有25.5%的绿叶束，其余为枯黄叶束，而3地油松叶全部为枯黄叶，且已脱落。

三、初步结论

（1）11年生幼林生长状况表明：树高、胸径和材积生长量以巴山松生长量最大，陕北种源次之，山西种源第三，辽宁种源生长最差。

（2）1～2年生枝上枯黄叶束（为即将脱落的死亡叶），占的比例高，反映生长衰退；辽宁种源枯黄叶束比例最高，山西种源次之，陕北种源第三，巴山松最低。表明巴山松生长旺盛，陕北油松次之，山西种源第三，辽宁种源生长最弱。三年生枝仅巴山松有25.5%的绿叶束，三地油松种源叶全部为枯黄叶束，且已脱落，也表明巴山松生长最旺盛。

（3）米仓山中山地带应采用当地巴山松种子育苗造林，不宜用外地油松种子，尤其是不能用辽宁、山西种源油松种子在这里育苗造林。

表 11-1　巴山松与 3 地种源油松幼林生长状况对比表

树种	胸径（厘米）		树高（米）		单株材积（立方米）	
	均值	为巴山松（%）	均值	为巴山松（%）	均值	为巴山松（%）
黎坪巴山松	6.34	100.0	5.60	100.0	0.01144	100.0
陕北油松	5.74	90.5	5.01	89.3	0.00880	77.0
山西油松	5.56	87.7	4.10	73.2	0.00735	64.2
辽宁油松	5.17	81.5	3.71	66.3	0.00593	51.8

第十二章　培育技术

1987 年陕西省林业厅批准立项，由原西北林学院邱明光教授主持，汉中市林科所参加，由原汉中市国有林场管理局（现汉中市天然林保护中心）负责组织所属黎坪等国有林场开展《巴山松育苗造林》技术推广项目，1986 年黎坪林场首次采收巴山松种子，1987 年育苗，1989 年造林，截至 1992 年，共计造巴山松林 672 公顷，为原计划的 336%。经检查：保存率或成活率为 90% 以上。造林地在米仓山中山地带的黎坪、碑坝、巴山、实验林场和秦岭南坡中山地带的黑潭子、武乡、褒河等林场，幼林普遍生长良好（该项目获 1995 年陕西省林业厅科技进步二等奖）。

从 1987 年后黎坪林场每年坚持采收巴山松种子，至 1997 年共计采收 1399 千克，不仅自用，还为其他林场、林农提供种苗。截至 1998 年汉中市有关国有林场累计营造巴山松林 2262 公顷。

黎坪等国有林场巴山松采种育苗造林基本经验如下。

一、种子采收

10 月下旬，霜降后，球果由绿变紫红色，就应当适时采收，过早采收，种子成熟不好，过迟采收，种子散落。采用人工爬树，用带钩长杆拉下枝梢，倒摘球果，在场院摊晒（如遇雨天应堆放遮盖，防止雨淋发霉），及时翻动，风吹日晒，种子散落，及时收集，晒干除杂，置入透气盛器（袋）储藏，防止种子发霉。

由于黎坪这里冬季阴冷，少晴天，当球果数量大时，可以将采收的球果，初步摊晒后，堆放在室内干燥处，待翌年春季气温升高，进行种子脱粒，但要经常检查、翻动，防止球果发霉。

每百千克球果可产种子 1.45 千克。采摘球果工效与母树结实状况、距离远近等因素有关，一般每人每天可采收球果 10～20 千克。

二、育苗技术

（一）大田育苗

巴山松种子每千克 3.98 万粒，发芽率 70% 左右，每亩下种量 8～10 千克，两年出圃，苗高 20 厘米以上，地际径 0.3 厘米以上，亩产合格苗约 15 万～20 万株。

（1）苗圃地选择：在造林地附近，选择林区山坡下部、坡度平缓、土层深厚、排水良好地段，最好为采伐迹地。

（2）整地作床：前一年夏季全面砍除林地上的杂灌木，秋季堆集，开好防火线，选择在阴天早上火烧，专人看管，严防火灾发生，然后全面挖垦，整地做床，一般为水平或斜坡式梯田，床面宽度约 1 米，长度 10 米左右，埂宽 0.3 米，床面深翻，要求土壤细碎平整，拣净草根树根，堆放在床埂上。

（3）适时播种：4 月下旬至 5 日上旬下种。播前种子用 0.5% 的高锰酸钾液喷洒消毒后，用温水浸泡 1 昼夜，涝出摊放在席上催芽，待种子胚芽萌动即可下种。播前翻挖床面，使床面土壤细碎疏松；实行条播，行距 25～30 厘米，播幅宽 5 厘米，撒种密度按每平方米面积播约 20 克，力求均匀。复土厚度 1～2 厘米。

（4）苗圃田间管理：播后约半月后即可发芽出土。必须加强管理，一是出苗期防止鸟兽危害。种子顶壳出土，易遭鸟类啄食，每天黎明和黄昏最为严重，必须人工看护。鼠类扒拾种子，是常发生的危害，应采取预防措施；二是林区雨热同季，杂草生长迅速，要及早拔除。

上述为林间临时苗圃育苗，就近造林，一般不间苗，不移植扩圃，2年出圃造林。若为固定苗圃，再育巴山松苗，需在防治病虫害、施肥等方面采取必要措施，以确保重茬苗健壮生长。

（二）容器育苗

容器育苗适于集中育苗，远距离运输，在造林地比较干旱的地带，可以有效地提高造林成活率，节约种子，但较大田育苗费工，成本高。

容器育苗有营养钵育苗、营养砖育苗和塑料袋（或纸袋）育苗等方式，其中塑料袋（或纸袋）育苗比较简单。黎坪林场曾采用塑料袋育苗，其主要做法是：采用无底塑料袋，袋高16厘米，径7厘米，内装营养土。营养土配方为林下腐殖质土占65%，黄心土占33%，磷肥占2%。营养土拌均匀，晾晒过筛，装入袋中，压实，摆放在平整的圃地上，袋袋靠紧，不留空隙，摆成苗床，留出步道。每袋下种2粒，播种深度1厘米，播后洒水，保持床面湿润。种子处理和苗圃管理同前大田育苗。2年出圃造林。

三、造林技术

1. 造林地选择

从大地域来说，首先应考虑选择在巴山松自然分布区范围内造林。前述巴山松自然分布范围不大，在南北纬度相差4°，东西经度相差6°的秦巴山区，海拔一般1000~1800米，气候夏季凉爽、湿润，年均气温7~8℃，年降水量1000毫米以上。至于在其自然分布区以外的地区栽培属于引种试验，规模应小，因为巴山松特有的生态要求能否适应引种地环境条件，生长能否达到最佳状态，需实践检验。当然在靠近自然分布区、气候条件近似的地区造林还是有把握的。

在巴山松适生地区内，不可能所有立地条件都适合造巴山松林，因为同一个地区具体地段，立地条件因子（如坡位，坡度、土壤条件等）有所不同，巴山松对生态条件既有选择性，又有一定的忍耐性，有时可以生长，但生长不良。我们造巴山松林目的是以用材为主，要以最小的投入获得最大的经济效益，因此应当选择最符合巴山松生长需要的条件，达到速生高产。

巴山松在土层深厚、水肥条件好的立地条件下生长最好，同时要考虑巴山松属阳性树种，不耐庇荫，在林冠下生长不良。因此巴山松造林地宜选择在宜林荒山荒地、林中空地、退耕地、灌丛地、疏林地，也可作为阔杂低产林改造更新树种。

若为营造巴山松丰产林，改造阴坡下部阔杂低产林，是可行的，但必须彻底砍除非目的树种，细致整地，造林后幼林抚育必须加强，在巴山松幼林郁闭前，要砍除影响巴山松生长的非目的树种才能确保巴山松郁闭成林。黎坪林区森林覆被率高达90%以上，很少有宜林荒山和大片林中空地，多属在应改造的阔杂低产林地造巴山松林。主要做法是：在造林前一年，先清理好林地。对于缓坡地，进行小块状皆伐，对斜坡、陡坡地实行带状皆伐，顺山坡向设带，采伐带和保留带等宽，各为20米，采伐剩余物就地整齐堆放，只在采伐块、带内整地造林。

2. 细致整地

整地是造林前对造林地进行的一项重要工序。通过整地可以拦截径流、蓄水保墒，疏松土壤、提高肥力，消灭杂草。实践证明：细致整地对造林成活和幼林生长有重要作用。若不整地或整地质量差，不仅影响栽苗进度，更重要的是土壤不疏松，苗木根系与土壤不易密结，根系生长缓慢，成活率低，幼林生长不良。

一般整地分为全面整地、带状整地和块状（穴状）整地。根据地形、坡度、植被状况、劳力财力状况确定采取的整地方式。全面整地宜在缓坡（坡度15°以下）坡面平整、植被繁茂、财力劳力充足的条件下采用，可实行幼林地前期林农、林药间作，以抚代耕；带状整地一般宜在斜坡（坡度25°以下）的山坡地，沿等高线布带，整地宽度50～60厘米，带间距一般2米，挖深40厘米，栽植时在带内挖穴；块状整地是在陡坡（坡度35°以下）地段进行，穴径50厘米，深40厘米，挖去草皮、树根，熟土填在穴内，生土围在穴下方，穴株行距根据造林密度要求，一般为1.5米×2米~2米×2米。

整地时间应在造林前一年秋季进行，过早整地效果不好。

3. 造林时间

春季3至4月上旬，以松苗顶芽未萌动为最好，雨季和秋季也可。

4. 造林方法和造林密度

巴山松无性繁殖困难，只能靠种子繁殖；因种子缺，秦巴山区水热条件好，草荒严重，不宜采用播种造林；若用一年生苗造林，因草荒保存率低；用三年生以上大苗造林成林快，但较费工。综合考虑上述因素，为提高造林成效，采用二年生苗栽植造林为好。

造林密度：应根据造林目的，树种特性、立地条件、当地经济条件等确定。一般所造巴山松林属于用材林，造林密度不宜过密。但由于巴山松苗期生长慢，杂草灌木茂盛，幼林抚育投资大，为使幼林提前郁闭，造林密度又不宜太稀；这里抚育间伐小径材生产成本高，效益低；秦巴林区水热条件好，一些优良树种有可能侵入巴山松林中，形成以巴山松为主的混交林，避免纯林的弊端，故造林密度也不宜太密。综合考虑上述情况，黎坪林场初植造林密度每公顷按 2500～3300 穴（株行距 2 米 × 2 米～1.5 米 ×2 米），每穴栽两株。

5. 整地栽植

在进行造林整地的基础上，在拟植苗处挖开穴面，穴面规格长宽各 50 厘米，在穴中央挖深 30 厘米的栽植坑，每穴栽植 2 株，不分苗，力争栽植时带上母土。分层埋土，砸实。要切实注意保护苗根，尽量减少苗木受风吹日晒。用容器苗造林，每穴 1 袋，栽时要撕去塑料袋。

6. 幼林抚育管护

"三分造七分管"。造林后不管护难以成林。管护工作主要包括幼林抚育和防止人畜破坏。通过幼林抚育可以改善土壤营养状况，保护幼苗免受杂草侵害，提高造林成活率和保存率，促进幼苗幼树生长。

幼林抚育包括松土扩穴、除草、割灌，有条件时还应当施肥。造林后每年 5~8 月进行，每年 2 次，连续进行 3 年。若出现杂灌木影响巴山松幼林生长应及时砍除，直至幼林基本郁闭。

新造林地严禁放牧，防止人畜入林破坏。

第十三章　抚育间伐和主伐

分布在秦巴山地沟谷两岸急、险坡地段（即坡度35°以上）和薄土层地段的森林均属于防护林，这些地段的森林主要作用是保持水土和涵养水源，严禁采伐，主要经营措施是管护，发挥其生态效益。特种用途林亦应当严加管护。

对立地条件较好、坡度在35°以下、土层深厚地段应经营为用材林。本章所述抚育间伐和主伐是指对巴山松用材林的经营措施。

目前未见国家对巴山松的龄组划分的技术标准，暂按油松龄组划分标准确定巴山松龄组。据树干解析资料：巴山松单株材积平均和连年生长量120年时尚未相交[16]；26株解析木平均生长量最大时的年龄为109年[28]。油松成熟林龄为51~70年，作者认为：为培育大径材，巴山松成熟龄应比油松推迟20年，以71~90年为宜，其他龄组年龄相应推后。

一、抚育间伐

1. 幼龄林（20年前）的抚育间伐

在巴山松和栎类等阔叶混交的幼龄林中，因巴山松生长慢于阔叶树种而受到压制，需要及时进行透光抚育，砍除影响巴山松生长的非目的树种，否则巴山松生长不良，甚至有被取代更替的危险。

已经充分郁闭巴山松幼龄纯林，当林木分化明显，天然整枝达树高的一半时，即应及时进行透光抚育伐，采伐对象主要是下层的被压木和中层部分生长衰弱的林木，并保留有培育前途的其他树种，每公顷保留 1500~2000 株左右为宜，以形成稳定林分。

2. 中龄林(21~40 年)和近熟林(41~50 年)的抚育间伐

对巴山松的中龄林的疏伐和近熟林的生长伐如何进行，目前缺乏经验。可参照油松林疏伐或生长伐方法进行。

油松林间伐试验和生产经验表明，强度的间伐对促进单株林木直径、材积生长的效果是显著的，并能较快成材，但强度过大则会显著降低单位面积产量。合理的间伐对改善林分的生长和卫生环境，缩短工艺成熟期，提高林分的稳定性和商品材质量等有明显效果；在立地质量好，在经营密度大的情况下，有一定增产效果[9]。

根据《油松》一书记述：油松是阳性树种，同龄林分多为整齐的单层林。当林分充分郁闭，进入中龄后，林木间已形成明显分化时，位于上层的优势木和亚优势木，在整个林冠中占主导地位，它们的树冠发育完满，干形通直，林分年生长量的 65%~70% 是由这些林木实现的。处于林冠中、下层的被压木，树冠窄而短小，生长衰弱或几乎停滞，这类林木在林分总株数中占 25% 时，它们的年生长量仅占全林的 5%，它们对全林生长贡献很小，若及时砍除这些林木，进行抚育间伐，可以改善林分光照条件，有利于保留木生长，一部分处于中层的中庸木可能成为亚优势木。因此，根据同龄油松林的结构和生长特点，应采用下层间伐，保留上层木和中层生长势强的林木，砍伐下层木和中层部分生长衰弱木[9]。

巴山松中龄林充分郁闭(郁闭度 0.7 以上)时，林木明显分化，应进行下层抚育间伐，采伐对象主要是下层木和中层的生长衰弱木，伐后每公顷保留木不应低于 1200 株，郁闭度不低于 0.6。但在生产实践中，存在追求眼前经济收益，出现采伐上层优势木和采伐强度过大的问题，使林分生长量显著下降，而且短期内难以恢复，甚至到成过熟阶段仍处于低产状态，应杜绝这种作业方式。

对于巴山松近熟林的生长伐，由于现阶段巴山松近熟龄林数量很少，作者认为一般应当予以保护，不宜进行。如果要对过密的巴山松近熟林进行生长伐，必须有严格的控制和管理，只能采伐下层木和中层衰弱木，保留郁闭度不低于 0.6，防止出现以抚育间伐之名，行取材为目的短期行为。

二、主伐

主伐是森林达到成熟龄后的收获性采伐。以生产木材为目的的主伐，只能在用材林中进行，禁止在防护林和特种用途林中进行以生产木材为目的的采伐。森林主伐，必须首先考虑水土保持和更新要求，主伐必须保证更新。巴山松主伐方式有择伐、渐伐和皆伐 3 种方式。

从有利水土保持和充分利用其天然更新能力出发，巴山松用材林的主伐一般应采用择伐或渐伐方式。巴山松为阳性喜光性树种，但幼苗期不耐荫，林冠下更新不良，择伐强度应当适当，伐后郁闭度保持 0.4~0.5，实行天然更新和人工促进天然更新。坡度平缓时，可进行小块状皆伐，迹地实行人工造林更新。

作者认为：由于巴山松森林资源面临濒危，尤其是成、过熟林奇缺，现阶段应严加保护，一般不应进行主伐。

第十四章　树皮和木材

一、树皮

树皮是形成层向外分生的全部组织的总称。巴山松树皮较油松薄，树皮约占径面积的10%。树皮包括外皮和内皮。外皮有次生韧皮部、周皮和周皮外的死组织等部分，周皮包括木栓形成层及其向外分生的木栓形成层和向内分生的栓内层，木栓层中的木栓细胞有厚壁和薄壁两种，都是无生命的死细胞，这些细胞具有脂肪性的栓质化外层，起着保护层作用。栓内层细胞类似薄壁细胞，但它们的位置与木栓细胞处在相同的经向系列上，这些不断产生的一层层被周皮分隔在外面的死组织和不再生长的周皮交互层列而形成落皮层位于树皮外部，占树皮的大部分；内皮由最后新生的周皮以及最接近木质部的次生韧皮部构成，为有生活机能的活细胞，内皮甚薄，仅1~2毫米厚[9]。

二、木材

树木形成层向内分生的、树皮内的组织称为木材，巴山松木材约占树干体积的90%。参照油松，巴山松木材纵向由管胞和泌脂细胞构成，径向为横卧射线细胞、木射线管胞和泌脂细胞构成。管胞是木材的主体，占90%以上[9]。

巴山松横端面生长轮（年轮）明显，早材浅黄色，晚材红褐色或橙红色，为显心材树种。晚材约占38.7%[19]。

　　据原西北林学院安培钧等的木材物理力学试验测定：巴山松木材重量属轻级（气干密度 0.539 克/立方厘米），干缩系数 0.621%，端面硬度 270.97 千克/平方厘米，顺纹抗压强度 381.03 千克/平方厘米，顺纹抗拉强度 1310.76 千克/平方厘米，顺纹抗剪强度 40.29 千克/平方厘米，抗弯强度 867.79 千克/平方厘米，除抗剪强度外，其余力学性质均优于油松[19]。

　　木材化学成分：包括纤维素、半纤维素和木质素和浸提物，其中纤维素、半纤维素和木质素一般占木材的 90% 以上。纤维素是造纸、人造纤维、玻璃纸、胶片、塑料工业的主要原料；浸提物成分主要是树脂、脂肪、蜡、精油、单宁和色素等[9]。

第十五章 经济用途

巴山松树体高大，主干通直、圆满，寿命长，可培育大径级材，出材率高，生长快，材质好，是秦巴山区中山地带重要的优良用材树种；该树种抗性强，耐瘠薄干旱，根系发达，抗冰冻雪压，是地带性的优良水源涵养、保持水土的生态防护林树种。

巴山松木材纹理通顺，结构细密，强重比大，主要用于制作板材、屋架、柱子、墙板、模板、地板等，是优良的建筑用材；经防腐处理后，可作坑木、枕木，电杆，桩木、桥梁等；是制作家具、农具，包装箱板等的好材料；可旋制胶合板，是工业造纸、化工工业的原料；其枝杈、树根、木材加工下脚料可供制细木工板、纤维板等。

巴山松富含树脂，可采松脂。松脂是提炼松香和松节油的原材料，供医药和工业之用。

树皮含单宁 7%~13%，可生产栲胶。将树皮粉碎后，在容器育苗中可作培养土配料。

针叶可用来蒸取挥发油，由残渣中可提取松针栲胶，将提取过挥发油和栲胶的松针残渣，加上酵母发酵，可用于制酒精和饲料(每100 千克松针可制得干饲料 65 千克)。用松针可制造松针软膏及枕褥的填充料。松针也是制造维生素 C 和胡萝卜素的好原料。种子含油量 30%~40%[9]。

参考文献

[1]张芳秋、邱明光、张懿藻．巴山松育种原始材料的研究[J]．西北林学院学报，1990，02．

[2]中国科学院植物研究所主编．中国高等植物图鉴[M]．北京：科学出版社，1972．

[3]管仲天，四川松科植物地理[M]．成都人民出版社，1982．

[4]郑万钧主编．中国树木志[M]．北京：中国林业出版社，1983．

[5]牛春山主编．陕西树木志[M]．北京：中国林业出版社，1990．

[6]薛智德．油松马尾松和巴山松的形态与解剖[J]．陕西林业科技（1），1989，19～23．

[7]毛绳绪、刘悦翠．油松和巴山松相对干形的比较[J]．西北林学院学报（4卷），1989，2期．

[8]刘文林．巴山松与油松广谱地理学物种形成的研究[J]．西北大学，2010．

[9]徐化成主编．油松[J]．北京：中国林业出版社，1993．

[10]李新富、田恒山、陈天虎．巴山松的调查研究[J]．湖北林业科技（4）：1984，1～7．

[11]张仰渠主编．陕西森林[J]．西安：陕西科学技术出版社，1989．

[12]沈传波、梅廉夫、杨济广、吴敏．大巴山逆推覆带构造扩展形成的年代学制约[J]．原子能科学技术（6），2008．

[13]汉中地区林业局．汉中地区林业区划[M]．1987．

[14]中华人民共和国林业部林业区划办公室主编．中国林业区划[M]．北京：中国林业出版，1987．

[15]南郑县农业区划办公室．农业资源调查和农业区划报告集[M]．1985．

[16]张存旭、张芳秋．黎坪巴山松调查研究[J]．陕西林业科技（4），1988，18～20．

[17]李兆元、董亚非、吴素良、黄华贵．巴山山地的气候特点[J]．地理学报，1990（3）

[18]吕树润主编．陕西省志·林业志[M]．北京：中国林业出版社，1986.

[19]安培钧．巴山松木材物理力学性质的研究[J]．西北林学院学报，1992.2 期.

[20]吴萌．巴山松[J]．四川省中山地带主要用材树种特性与造林技术，1983：34~38.

[21]楊玉坡主编．四川森林[M]．北京：中国林业出版社，1992.

[22]毛绳绪等．巴山松相对高处直径与胸径之间相关关系与相对形率法材积方程的建立[J]．西北林学院，1987.

[23]陈炳浩、杨大三等．鄂西三峡库区森林和生物多样性保护与发展[J]．湖北省林业科学研究院，1995.

[24]诸葛俨主编．测树学[M]．北京：中国林业出版社．1985：57~132、164~203.

[25]陕西省林业厅规划设计办公室等编．陕西省森林资源二类调查工作方法[J]．1984，8~66.

[26]薛立、杨鹏．森林生物量研究综述[J]．福建林学院学报，2004.24（3）283~288.

[27]肖瑜，巴山松天然林生物量和生产力的研究[J]．植物生态学与地植物学报，1992，16 卷 3 期.

[28]高泽兵，李卫忠，贺征兵，赵鹏祥．巴山松生长及数量成熟龄的初步研究，西北林学院学报，2009，24(2).

[29]王建兰．森林生物量有了更精确测算技术[J]．中国绿色时报，2013.3.26.

珍贵树种资源
重要的优良用材树种
优良的生态防护树种

▼ 黎坪林区一瞥

▲ 黎坪巴山松林中大树

▲ 黎坪巴山松过熟林

▲ 黎坪巴山松林中大树

▲ 黎坪巴山松林中大树

5

▲ 黎坪巴山松单株

▲ 黎坪巴山松天然成熟林林相

▲ 黎坪巴山松天然近熟林林相

▲ 黎坪巴山松成熟林林相

▲ 黎坪巴山松过熟林林相

巴山松

▲ 黎坪巴山松过熟林林相

▲ 阔杂林带状改造的巴山松幼林

▲ 黄洋河人工巴山松 25 年生中龄林

▲ 生长在山脊薄土层处的巴山松林

▲ 黄洋河人工巴山松与天然阔杂树种混生林

15

▶ 黎坪巴山松母树林单
　　株母树

▼ 远眺黎坪巴山松种子园

▶ 巴山松老树树皮

▼ 巴山松新生芽枝

▲ 巴山松将成熟果枝

▲ 巴山松雄花序

巴山松

▲ 巴山松雌花枝　　　　　▲ 巴山松雌花和先年幼果枝

▲ 生长在悬岩上的巴山松

▼ 生长在陡坡薄土处的
巴山松

（以上照片由罗伟祥、黄泽、高春林等提供）